黑龙江省精品图书出版工程

"十四五"时期国家重点出版物出版专项规划项目

现代土木工程精品系列图书

基于压缩感知的地震数据重建与去噪

唐国维　袁文翠　著

哈尔滨工业大学出版社

内 容 简 介

　　地震勘探的目的是获得地下构造的精确成像。受人为因素和环境因素制约,实际采集到的地震数据在空间方向上往往是稀疏的或不规则的,且含有大量噪声,因此在实施地震解释之前必须对地震数据进行重建与去噪处理。本书在压缩感知理论框架下,对地震数据重建和去噪技术展开研究。全书共分三个部分:第一部分包括第 1、2 章,主要是绪论和压缩感知理论;第二部分包括第 3～6 章,分别从 DTCWT 阈值迭代、Curvelet 收缩阈值迭代、Bregman 迭代算法及基于压缩感知观测矩阵的角度对地震数据重建技术展开研究;第三部分包括第 7～9 章,主要针对地震数据去噪方法与数据增强及运用卷积神经网络对地震数据去噪问题展开研究。

　　本书可作为地震勘探相关专业高年级本科生、研究生及技术人员的参考书。

图书在版编目(CIP)数据

　　基于压缩感知的地震数据重建与去噪/唐国维,袁文翠著. —哈尔滨:哈尔滨工业大学出版社,2023.2
　　ISBN 978 - 7 - 5603 - 9673 - 6

　　Ⅰ.①基…　Ⅱ.①唐…　②袁…　Ⅲ.①地震数据－数据处理　Ⅳ.①P315.63

　　中国版本图书馆 CIP 数据核字(2021)第 191511 号

策划编辑　　王桂芝
责任编辑　　周一疃　　周轩毅
出版发行　　哈尔滨工业大学出版社
社　　　址　　哈尔滨市南岗区复华四道街 10 号　邮编 150006
传　　　真　　0451－86414749
网　　　址　　http://hitpress.hit.edu.cn
印　　　刷　　哈尔滨圣铂印刷有限公司
开　　　本　　720 mm×1 000 mm　1/16　印张 8.25　字数 157 千字
版　　　次　　2023 年 2 月第 1 版　2023 年 2 月第 1 次印刷
书　　　号　　ISBN 978 - 7 - 5603 - 9673 - 6
定　　　价　　45.00 元

前　言

　　地震勘探是石油与天然气勘探工作的主要方法,由地震数据野外采集、数据处理和地震解释三个阶段组成。作为重要环节之一的地震数据处理,其主要目的就是对野外采集的原始数据进行加工,包括重建地震缺失道数据、削弱噪声干扰等,增强目标区块地震资料的信噪比、分辨率和保真度,以提高后续地震资料进一步处理、解释和油气藏情况判断的准确度。地震数据的重建与去噪在整个地震数据处理中是非常基础与关键的步骤。

　　地震勘探的目的是获得地下构造的精确成像,受人为因素和环境因素的影响,实际采集到的地震数据在空间方向上往往是稀疏或不规则的。由于野外数据采集过程的费用占整个地震勘探成本的80%以上,因此地震数据在空间方向上稀疏采样的原因主要是出于经济角度的考虑,稀疏采样意味着采集到的数据减少、成本降低,但会导致地震数据中含有空间假频,尤其是在三维地震勘探中;不规则采样的主要原因是地表障碍物的存在(建筑物、道路、桥梁)、地形条件的因素(禁采区和山区、森林、河网地区等)、仪器硬件(地震检波器、空气枪、电缆等)故障及海洋地震数据采集时电缆的羽状漂流等问题引起的采集坏道。在地震数据处理过程中,稀疏采样和不规则采样不仅会使后续处理与解释工作产生误差,而且会对基于多道技术的地震数据处理方法的结果产生严重的影响,造成假像,甚至导致错误的判断与解释。利用技术手段,对缺失的地震数据进行重建可以使其包含的地球物理信息更加完整、真实地反映地下地质体的地球物理特征,保证复杂地质构造的精度,更好地满足后续地震数据处理工作的要求,为油气勘探提供更有效的指示和参考。

　　随着勘探技术的发展,油气田资源的勘探重点逐渐转向地表条件复杂的边远地区。逐渐恶劣的采集环境面临着一个问题:远距离的地震信号在传播过程中幅度衰减极其严重,经深层反射回来的地震波几乎淹没在噪声中,导致所采集的地震资料存在较强的噪声干扰,信息之间的相互交织对有效信号产生严重的干扰,从而隐藏了相应的地质构造和岩层性质信息,降低了数据资料的有效性,最终将影响地震资料的可靠性,为后续的解释工作带来重重困难,使采集到的地震资料不能进行准确解释。这就要求研究人员通过计算机数据处理的方式,解析出优质的地质剖面结构图,通过数据处理有效地消除噪声,从而恢复地震数据,便于地质解释人员辨识。这能够更好地分辨小断层、识别断层机构、分析岩层性质并为矿层探测和资源储备提供准确信息,节约钻探开发成本,从而对行业起到推动作用。因此,从有干扰背景的地震资料中恢复有效信息是地震资料处理中的一个关键问题。

本书在压缩感知理论框架下,对地震数据重建和去噪技术展开研究。全书共分三个部分:第一部分包括第1、2章,主要是绪论和压缩感知理论的介绍;第二部分包括第3~6章,分别从DTCWT阈值迭代、Curvelet收缩阈值迭代、Bregman迭代算法及观测矩阵的角度对地震数据重建技术展开研究;第三部分包括第7~9章,主要针对地震数据去噪方法与数据增强及运用卷积神经网络解决地震数据去噪问题。本书第一部分、第二部分由唐国维撰写,第三部分由袁文翠撰写。

本书在写作过程中得到了程鑫华同学、慕林洹同学、顾航同学和张岩老师的大力帮助,在此对他们表示深深的谢意。限于时间和水平,书中的不足之处在所难免,敬请读者批评指正。

作　者

2022 年 12 月

目　　录

第1章　绪论 ………………………………………………………… 1

　　1.1　研究背景 ……………………………………………………… 1

　　1.2　压缩感知理论研究现状 ……………………………………… 4

　　1.3　Curvelet 理论发展现状 ……………………………………… 6

　　1.4　小波与双树复小波变换的发展 ……………………………… 7

　　1.5　卷积神经网络研究现状 ……………………………………… 10

　　1.6　本书主要内容及章节安排 …………………………………… 12

第2章　压缩感知理论 …………………………………………… 16

　　2.1　压缩感知理论概述 …………………………………………… 16

　　2.2　随机采样矩阵 ………………………………………………… 17

　　2.3　重建过程 ……………………………………………………… 19

　　2.4　本章小结 ……………………………………………………… 21

第3章　基于 DTCWT 的阈值迭代地震数据重建 …………… 23

　　3.1　小波变换理论 ………………………………………………… 23

　　3.2　双树复小波变换 ……………………………………………… 26

　　3.3　二维双树复小波变换 ………………………………………… 27

　　3.4　基于 DTCWT 的收缩阈值迭代地震数据重建 ……………… 29

　　3.5　基于 DTCWT 的双阈值软迭代地震数据重建 ……………… 33

　　3.6　本章小结 ……………………………………………………… 38

第4章　基于 Curvelet 的收缩阈值迭代地震数据重建 ……… 39

　　4.1　Curvelet 变换原理及其特点 ………………………………… 39

　　4.2　快速离散 Curvelet 变换的实现方法 ………………………… 42

　　4.3　Curvelet 变换与地震图像 …………………………………… 44

　　4.4　Curvelet 变换系数分析 ……………………………………… 45

　　4.5　地震图像的随机采样及改进 ………………………………… 46

　　4.6　基于 Curvelet 收缩阈值的地震数据重建算法 ……………… 46

　　4.7　实验结果及分析 ……………………………………………… 48

　　4.8　本章小结 ……………………………………………………… 50

第 5 章　基于 Bregman 迭代算法的地震数据重建 ················ 51

　　5.1　Bregman 迭代相关定义 ······························· 51

　　5.2　线性 Bregman 迭代方法 ······························· 54

　　5.3　分裂 Bregman 迭代方法 ······························· 55

　　5.4　基于改进的 Bregman 迭代算法的地震数据重建 ········· 56

　　5.5　基于 $k-$SVD 字典的 Bregman 迭代地震数据重建 ······ 64

　　5.6　本章小结 ··· 67

第 6 章　基于压缩感知观测矩阵的地震数据重建 ··············· 68

　　6.1　压缩感知观测矩阵介绍 ································· 68

　　6.2　地震图像重建常用的观测矩阵 ··························· 68

　　6.3　广义轮换观测矩阵 ····································· 70

　　6.4　实验结果及分析 ······································· 72

　　6.5　本章小结 ··· 74

第 7 章　地震数据去噪方法与数据增强 ······················· 75

　　7.1　地震噪声的特征 ······································· 75

　　7.2　地震资料常用的去噪方法 ······························· 76

　　7.3　地震数据的结构 ······································· 78

　　7.4　地震数据的获取 ······································· 81

　　7.5　数据集增强方法 ······································· 83

　　7.6　训练数据的归一化 ····································· 86

　　7.7　地震数据集的建立 ····································· 87

　　7.8　本章小结 ··· 87

第 8 章　基于卷积神经网络的地震数据去噪研究 ··············· 89

　　8.1　深度卷积神经网络地震数据去噪方法 ····················· 89

　　8.2　深度卷积神经网络的结构 ······························· 93

　　8.3　网络参数 ··· 94

　　8.4　实验结果及分析 ······································· 95

　　8.5　本章小结 ··· 99

第 9 章　基于空洞卷积神经网络的地震数据去噪研究 ··········· 101

　　9.1　空洞卷积神经网络的去噪方法 ··························· 101

　　9.2　空洞卷积神经网络的结构 ······························· 104

　　9.3　网络参数 ··· 105

　　9.4　实验结果及分析 ······································· 107

　　9.5　本章小结 ··· 111

参考文献 ··· 112

名词索引 ··· 121

第1章 绪论

1.1 研究背景

随着科学技术的跨越式发展,能源的重要性日益凸显,与其相关的石油勘探技术对人们的衣食住行产生了巨大影响,同时对建设现代化社会、加强国防基本安全建设及相关的科学技术等方面都有着很高的需求。这促进了高新技术在油气藏勘探领域的应用,使地球物理相关科技得到快速发展,加速了地震勘探与地质学相关理论的更新换代。在勘探领域中,最为重要的技术手段之一就是地球物理勘探,而地震勘探法是地球物理勘探中使用最为广泛的一种方法。地震勘探法通过使用引爆炸药产生人工地震波方法来引起地壳的震动,再通过地面部署的信号接收端来记录爆炸后各点的地震信号数据。根据这些地震信号可以推测出地下地质结构的特点与是否有油气藏。

总体来说,地震勘探过程可以具体到以下三个主要阶段:

(1)地震数据采集;

(2)去噪与规范处理;

(3)地震资料解释。

随着物探技术的发展与进步,地质物探技术逐渐难以满足现在的地质勘探需求。在石油工业走向成熟的过程中,勘探的难度日益增大,勘探的目标已经从地质构造简单、勘探环境相对简单的地区转变为地质构造复杂、勘探环境恶劣的地区,这就对地震资料的后续处理工作(如提升信噪比及地震数据重建的精度)提出了更高的要求。物探工作在提高产量与降低开采成本的双重压力下,技术得到了进一步提升,也为其他相关技术的发展注入了新的活力。

为更大限度地提升采集到的地震数据的应用价值,物探开采需对目标储层情况提供更加详细和深入的信息,并且对油气藏的情况做到随时监测。在采集到的地震数据集的后续处理中,一方面,为得到更精确的地震数据重建效果,希望能够提高地震数据的采样率;另一方面,由于地震数据在数量上过于庞大,因此需要尽量少地布置炮点和接收点,再利用较少的地震数据,通过特定算法对地震数据进行规则重建,得到精度较高、更加完整的地震数据,以节约成本。传统的奈奎斯特(Nyqusit)采样定理要求采样频率要在信号带宽的 2 倍以上,才能得到较为完整的重建信号。这就从地震数据信号的存储与采集两方面提出了更加严格的要求,加剧了地震数据采集过程中上述两方面的矛盾。Nyqusit 定理成为包括地震信号重建在内的信号处理技术进步与发展的瓶颈。

为降低风险,使勘探和后续的资料处理与解释工作变得更加顺利,对勘探的技术手段提出了更高的要求。地震勘探采集的复杂性具体表现为野外客观环境和技术设备的影响,如在地表无法解决的拦阻(公路、建筑与各种自然因素)、特殊地况(水下、高海拔等)的限制、接收端的设备条件限制等,使得最原始的地震数据会有很多的采样点空缺与坏道死道现象,导致后续地震数据资料的解释与油气藏判断变得无法继续。

从投入的经济成本角度来考虑,在地震勘探中使用过于密集分布的采样方式的本益比过于低下。因此,只能选择通过在随机位置部署接收器的方法来采集地震数据,而这种对成本妥协的采集方式得到的地震数据是不完整的。上述问题一般通过重建原始地震数据解决,即使用特定的算法,从缺失的、不规则的原始地震数据中通过对缺失的地震道进行插值重建,来得到更加完整的地震数据。地震数据重建示意图如图 1.1 所示。

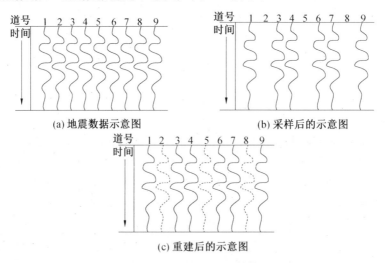

(a) 地震数据示意图   (b) 采样后的示意图

(c) 重建后的示意图

图 1.1 地震数据重建示意图

在整个地震数据处理过程中,插值重建这一步骤是非常关键的,它能使采集到的缺失地震数据的应用价值大幅提升。通过这一步骤,能得到相对完整的地球物理信息,进而对当前区域的地下构成有一个相对清晰的了解,对油气藏的勘探开发起到明确的指引作用。

　　一般情况下,开采地区的地质结构十分复杂,具有黏滞性和内摩擦性,与理想的完全弹性介质相距甚远。由于上述原因与其他各种客观因素的影响,人工地震波在通过地质各层的传播过程中会发生振幅衰减和能量耗散,且地层对地震波的吸收与其频率大小是正相关的,因此采集到的地震数据存在地震道损失情况,而地震道是表述图像的关键信息,导致地震反射资料分辨率低,无法满足复杂情况下油气藏勘探的高精度要求。

　　基于对上述各种情况的分析,许多重要信息在原始地震数据资料采集过程中丢失,如存在坏道、缺道、高频成分缺失等,在精度上无法满足地震资料解释处理要求。地震数据的成像精度主要受采样率和分辨率影响,后续工作所需的准确成像结果则需要通过有效的方法处理上述问题,重建缺失的地震数据。

　　随着地震数据重建技术的深入研究,压缩感知理论被引入到地震数据重建的研究工作中。压缩感知理论表明,如果待处理的数据具有稀疏性,或在某种变换域内具有稀疏性,则经过特定的采样手段,即便只有较少的、不完整的地震数据,也就是说即使采样率或平均采样间隔低于 Nyquist 采样定理中要求的上限,也能够恢复出满足一定精度要求的完整地震数据。在实际的勘探活动中,一般都可以找出某种特定的变换来对地震数据进行稀疏表示,而且也可以通过设计特定的探测采集接收器与布线方法,在达到尽量减少炮点和接收点的前提下,满足压缩感知理论中随机采样部分的要求,达到节省探测成本的目的。

　　目前,各大油田都循序渐进地开始进行地震数据资料数字化建设工作。中石油、中石化等能源领域的龙头企业已经大批开展了对地震资料数字化的研究工作,其主要内容涵盖勘探相关的地质学、图像处理、石油工程等多个学科与专业,尽管有着学科跨度大的难处,但也依然取得了相当的成就。目前,全国大多数油田都已经开展地震数据的重建工作,其中对于较为广泛的地震数据道缺失问题,重建算法就成为提高地震数据利用率的关键。

　　与此同时,油气田资源勘探的重点也逐渐转向地表条件更为复杂的边远地区。恶劣的采集环境面临着一个问题,即远距离的地震信号在传播过程中幅度衰减极其严重,经深层反射回来的地震波几乎淹没在噪声中,导致所采集的地震资料存在较强的噪声干扰。信息之间的相互交织对有效信号产生严重的干扰,从而隐藏了相应的地质构造和岩层性质信息,降低了数据资料的有效性,最终将影响地震资料的可靠性,给后续的解释工作带来困难。这就要求研究者通过计算机数据处理的方式,解析出优质的地质剖面结构图,通过数据处理有效地消除噪声,从而恢复地震数据,便于地质解释人员辨识。这能够更好地分辨小断层、识别断层结构、分析岩层性质,并为矿层探测和资源储备提供准确信息,节约钻探开发成本,从而对行业起到推动作用。因此,如何从有干扰背景的地震资料中有效去除各种噪声干扰信号恢复有效信息,是地震资料处理中的一个关键问题。

本书旨在深入研究地震数据在采集和后续的处理(地震数据重建)过程中遇到的问题,提升地震数据的重建精度。其主要是在压缩感知理论框架下探索更加有效的重建策略,并运用卷积神经网络研究更有效的地震数据去噪方法,进而提高地震资料的分辨率、保真度和信噪比。

1.2　压缩感知理论研究现状

随着信号重建技术的日益进步,基于信号的稀疏特性,一种被称为压缩感知(Compressed Sensing,CS)或压缩采样(Compressive Sampling)的新兴采样理论被提出,该理论为信号处理与应用数学等学科提供了全新的研究方向。这一理论由 Donoho、Emmanuel Candès 与 Terence Tao 等共同提出,迅速引起相关领域国内外学者的高度关注。

英国、法国、美国及德国等许多国家的知名大学已经成立了压缩感知相关课题研究组,如爱丁堡大学、麻省理工学院、莱斯大学、斯坦福大学、杜克大学、普林斯顿大学、慕尼黑工业大学等。压缩感知理论还被美国科技期刊评价为2007 年的十大科技进展之一,Google 和贝尔实验室等知名公司也于 2008 年开始着手研究。美国空军研究室与杜克大学联合组织了压缩感知论坛,很多相关领域的专家参加了会议并做了报告。美国国防部重大科技攻关项目组织(Defense Advanced Research Projects Agency,DARPA)及美国国家地理空间情报局(National Geospatial－Intelligence Agency,NGA)等机构的工作人员参加了会议。在我国,中国科学技术大学、西安交通大学、西安电子科技大学及哈尔滨工业大学等也开始研究压缩感知理论。

压缩感知理论一般分为信号的稀疏表示、构造采样矩阵与信号重建三个部分。信号进行稀疏表示是信号进行压缩感知的首要条件,这需要找到对应的正交基或紧框架,使信号在这一变换域上具有稀疏性;采样的过程就是信号结构化表示的过程,这里的关键是稀疏表示的向量降维后重要信息不遭破坏,也就是需要具有如此特定性质的采样矩阵;最后的重建阶段得出压缩感知的结果,需要考虑如何用相对较少的线性采样重建出原始信号的逼近。

压缩感知的首要步骤是选择合适的稀疏基(如离散余弦变换(Discrete

Cosine Transform，DCT）、离散傅里叶变换（Discrete Fourier Transform，DFT）、离散小波变换（Discrete Wavelet Transform，DWT）、冗余字典等）进行稀疏表示。优秀的图像表示法需要满足多分辨率、各向异性、方向性与局部性等的稀疏表示，并综合人类视觉系统的研究成果、图像表示法稀疏性的分析和图像的统计特性等。在信号处理方向，具有非冗余特性的正交变换是常见的信号稀疏表示方法，如 DCT 和 DWT 等。因为缺少空间/时间分辨率的局限性，所以 DCT 变换算子无法处理具有较强时频特性的图像。小波分解可以同时对频域与时域进行精准定位，能更有效地稀疏表示图像中各点的奇异信息。Mallat 和 Zhang 构造了一种新的稀疏分解，将压缩感知理论框架与冗余字典相结合，取得了进一步的发展。为使冗余字典能够以高契合度来匹配各个部分的图像结构，就需要研究出更加适合稀疏表示的冗余字典。超完备字典是一种结合了多种变换标准而形成的表示方法，如何通过深度学习来生成超完备字典是整个超完备字典设计问题的关键。Rubinstein 等在字典学习中引入聚类法，Aharon 等将 $k-means$ 聚类算法改进为 $k-SVD$ 算法，但这类方法要求相对较多的计算量与较大的存储空间。为完善现有的重建算法和压缩感知理论框架，还需要对冗余字典类方法进行更多的研究。

采样矩阵构造是压缩感知的重要步骤之一。当前的国内外学者为探究效果更好的采样矩阵，对其设计方法进行了广泛的研究。Donoho 首先提出了 CS1－CS3 条件。通过更加深入地研究采样矩阵需具有的性质，在渐进的前提下，Cohen 证明 Donoho 的 CS1－CS3 条件具有一致性。目前，高斯随机矩阵与伯努利随机矩阵在图像压缩感知采样领域使用较为广泛，结构化矩阵与非常系数投影矩阵等也有所应用。现阶段对研究采样矩阵的设计有所进展，但要以压缩感知框架作为采样矩阵的研究基础，这是因为采样矩阵对最终重建结果、采样值数量和稀疏字典性质都有直接的影响，所以信号的稀疏度、构造重建算法应和采样矩阵的设计同时进行。

重建算法是压缩感知的最后步骤。Candès 等最先证明了图像重建问题能通过利用最小 l_0 范数的求解处理；而 Donoho 证明了最小 l_0 范数的求解属于 NP－hard 问题，无法直接求解，所以诸如最小 l_1 范式与匹配追踪算法（Matching Pursuit，MP）等求次优解的方法就成为解决这个问题的关键。匹配追踪算法是贪心算法的一种，在采样矩阵原子库中迭代寻找和残差相似度最高的匹配原子，最终重建出完整数据的逼近。但是，由于没有对原子进行去相关性操作，因此它们会互相干扰，对地震数据重建结果造成影响。针对这个问题，Tropp 和 Gilbert 提供了正交匹配追踪（Orthogonal Matching Pursuit，OMP）算法，其原理是在匹配追踪算法基础上，采用施密特正交化（Schmidt

Orthogonalization)去除已选原子与其他原子间的相关性,提高迭代收敛速度,且能得到效果更好的重建数据。最小 l_1 范式的求解、收缩阈值迭代算法和基追踪算法等都属于凸优化算法。Yang 提出一种简单而实用的收缩阈值迭代算法,但是用到压缩感知的重建环节中,相对其他重建算法收敛较慢。BP 算法为求得全局最优解,会进行穷举运算,重建精度和稳定性好,能够解决夹带的假频问题,但算法本身的复杂度导致计算时间过长。当前所需的压缩感知重建算法需要具有稳定、构造相对简单、只需较少的采样数据等性质。

哈尔滨工业大学的张键、赵德斌提出了一种基于分离 Bregman 迭代方法求解协同稀疏模型正则化的图像压缩感知重建算法,能够在有效地刻画图像的局部平滑性和非局部自相似性的同时获得更高质量的重建效果。吉林大学的勾福岩等将地震数据插值问题纳入约束最优化问题,选取能够有效压缩复杂地震波场的 OC-seislet 稀疏变换,应用 Bregman 迭代方法求解压缩感知理论框架下的混合范数反问题,提出了 Bregman 迭代方法中固定阈值选取的 H 曲线方法,实现地震波场的快速、准确重建。中国石油大学(华东)的郭念民等使用非抽样离散小波变换来实现地震数据的稀疏表示,建立了一种基于压缩感知理论的地震数据插值方法,可以对不规则缺失地震数据进行插值重建,提高了叠前地震数据的完整性。西安交通大学的白彩娟等提出一种迭代去噪收缩阈值(Iterative Denoising Shrinkage Thresholding,IDNST)算法的全息重建方法,此方法引入了迭代因子与收缩正则化因子,使收敛速度得到了提高,能够以更高的概率重建出原始图像。总体来说,国内在压缩感知的研究方面还需要继续进行,大多是基于各种理论的应用。目前仍需开发低复杂度、高压缩率、高重建度的实用算法。

1.3　Curvelet 理论发展现状

小波变换一直是人们常用于图像上的变换,但是对于二维图像和多维图像,小波变换存在一些问题,如对图像边缘信息的表达能力不够等。为弥补这个缺点,学者们都在致力于研究更好的数学表达方式。经过一定时期的研究,著名学者 Candes 于 1999 年做出了新的改变。他提出了 Ridgelet 变换,这个变换能够在一定程度上弥补小波变换的缺陷,对于含线或面奇异的高维函数,二维张量小波不能够完全地表示,而 Ridgelet 变换却可以表示,这是因为 Ridgelet 变换有逼近性。不过在真正的操作中,大部分图像都比较复杂,并且存在曲线奇异的特征。后来的研究方向是带有曲线奇异特性的图像信号和多变量函数的稀疏逼近。2001 年,Donoho 在 Ridgelet 变换的基础上提出了第一代 Curvelet 变换,这是 Curvelet 变换首次被提出,具有深远的意义。接着他们又构造了 Curvelet 的紧框架。通过理论推导及对比分析可知,当一个函数是光滑奇异性曲线函数时,可以用 Curvelet 来表示,因为 Curvelet 可以实现稳定且高效的最优表示。Curvelet 具有各向异性,在多尺度分解时,Curvelet 变换引入了方向参量,因此具有方向性。对于复杂的曲线奇异图像,小波变换不能很好地表达,而 Curvelet 变换是带通、多分辨、有方向性的函数方法,能够高效地表示图像边缘。因此,Curvelet 变换只需要少量的系数就能够逼近图像的边缘信息。

第一代 Curvelet 变换由子带滤波结合多尺度局部 Ridgelet 变换形成,其构造理念是先将曲线划分成多个小分块,然后将每个分块当成直线来处理,最后用局部 Ridgelet 来明确其特性。Curvelet 变换系数存在较大的冗余,并且计算十分复杂,这样复杂的计算不利于后续的工作。为使 Curvelet 变换能更加方便及全面地进行信号处理,Candes 于 2002 年提出了第二代 Curvelet 变换。

第二代 Curvelet 变换在计算上和构造上完全区别于第一代 Curvelet 变换。在理论上与 Ridgelet 几乎没有任何关联,在变换中也很难使用 Ridgelet,它是直接对信号的傅里叶变换表示从而进行重采样,然后作用于特定的窗函数,再继续反傅里叶变换。它们的相似之处是框架、紧支撑等抽象的数学理论,也就是它们的基础功能和基本理论是通用的。第二代 Curvelet 变换不需要分块操作和 Ridgelet 变换,一次计算量少且冗余度低,速度得以提升。2004 年,第二代 Curvelet 变换的两种快速离散实现方法被提出,即基于非均匀采样快速傅里叶变换(Fast Discrete Curvelet Transform via Unequispaced FFT's,USFFT)的算法和卷绕(Wedge Wrapping,Wrap)算法。与之前的离散实现方法相比,USFFT 算法和 Wrap 算法有很多优点,它们的实现过程速度较快,不复杂,冗余度不高,尤其对于复杂信号的处理有良好的时效性,具有深远的研究意义和推广价值。

1.4　小波与双树复小波变换的发展

小波变换(Wavelet Transform,WT)隶属于时频分析领域。很长一段时间以来,傅里叶(Fourier)变换都是信号分析的基础,但傅里叶变换只能对信号进行全局处理,分析过程无法横跨时域和频域,所以无法对信号的时频细节进行描述,而这种细节描述能力却是对非平稳信号进行分析与处理时最为重要和关键的。为实现对非平稳信号的描述,科研工作者对傅里叶变换进行了深入研究,改进了许多新的时频变换算法,并提出了诸如时频分析、Gabor 变换等方法。傅里叶变换逐渐无法满足信号处理要求,所以进一步提出了加窗傅里叶变换与小波变换。加窗傅里叶变换可以描述为:假设某个非平稳信号在分析窗口函数 $g(t)$ 的一个局部时间窗内具有近似平稳的特性,则对分析窗函数进行平移,使得 $f(t)g(t-\tau)$ 在不同的时间窗分布内也具有近似平稳特性,再计算出各个时间窗内的信号功率谱。可是从根本上来说,傅里叶变换在信号处理的角度上依然有着无法弥补的短处,因为加窗傅里叶变换即使通过加窗也无法改变其单一分辨率的特性,而时间窗函数是固定唯一的。

小波变换的思想方法最早始于 20 世纪初 Littlewood—Palay 对级数建立的 L—P 理论和 1910 年 Haar 提出的小波规范基,是为解决加窗傅里叶变换的缺陷而建立的一门数学学科,直到 20 世纪末才得以迅速发展。法国科学家 Grossman 和 Mallet 利用传统傅里叶变换对信号进行分析过程中发现其无法满足对信号局部分析的需求,所以提出了小波变换的相关算法来实现对地震信号的局部特性提取与处理。1986 年,Meyer 创造性地提出了光滑函数 $\Psi(t)$,由于其具有有限的衰减性,因此 $L^2(R)$ 空间上的规范正交基可以由其伸缩平移来构成。

继上述有限衰减的小波基被构造出后,指数衰减型的小波基被 Battle 提出。1987 年,Mallet 在小波分析领域引入了计算机图像处理的多尺度分析,整合了在此之前 Battle 与 Stromberg 等给出的小波基,提出了多尺度信号分析的概念并充实了小波函数的种类。同年底,第一次小波国际会议在法国马赛召开,小波变换得到进一步的发展。1989 年,Coifman 和 Wickerhauser 提出了小波包(Wave Packet,WP)分析。

1990 年,《小波十讲》(*Ten Lectures on Wavelets*)问世,作者 Daubechies 对正交小波基的特性进行了系统描述,如时频特性、对称性、紧支性和正则性等,还介绍了离散小波变换和连续小波变换等,小波分析作为一门新的应用数学学科的系统分析理论基本形成。

1992 年,基于样条函数的单正交小波函数由王建忠和崔景泰构造。同年,双正交小波被 Cohen 等提出。由于双正交小波优秀的性能,因此其很快成为应用最多的小波函数。

1994 年,多小波分析体系由 Goodman 等提出。

Sweldens 于 1995 年提出了小波提升格式,第二代小波变换的理论框架由此成立,使小波变换彻底从傅里叶变换中脱离出来。这是小波变换在实用性上的巨大进步,但其理论框架并不完整。同年,J. M. Lina 详细研究了 Daubechies 复小波的构造和性质。

Mallat 最早提出了基于小波的信号分析方法。他构造了快速小波变换算子,并将其应用于一维和多维数据的变换和重建。与此同时,他还提出了利用指数来对信号的边缘进行描述,即基于奇异性的信号分析,根据信号在不同尺度上的传播特性具有的差异性提出了模极大值算法,被广泛应用于信号处理领域。其基本原理是在小波变换的各尺度上,原信号与噪声信号的传播特性不同,可以保留原信号的模极大值点,剔除其中噪声信号的模极大值点,将剩余的模极大值点进行小波系数重建,得到恢复信号。

小波变换的灵活性等优点是小波能够获得成功的原因。其中,小波变换所具有的稀疏特性使采样信号在变换域的熵降低很多。多分辨率特性是小波变换的另一优点,使其在刻画信号的断点、尖峰、边缘等非平稳部分更加优秀,能够顺利完成特征保护和提取。由于道缺失的假频在变换域中有白化的趋势,而且小波变换能够实现对信号的去相关,因此小波基在小波变换后表现出更好的多样性。小波基本身种类很多,可以灵活选择,所以可以根据处理信号的具体情况进行具体选择,获得最好的重建效果。

在去相关这个层面上来讲,可以将小波变换近似看成 K－L 变换(Karhunen－Loeve Transform),也就是将一组离散信号变换成一组不相关的数列的方法。但是,小波系数间依然是低程度相关的。从相同层小波系数与不同层小波系数相关性的角度来说,图像重建使用相关法可以得到较好的重建效果。相关法的原理是信号在各层小波系数的相应位置上一般具有很强的相关性,而道缺失造成假频的小波系数则一般是弱相关或不相关的。例如,用相邻小波层同一位置的系数相关量构成相关量信号,再进行适当的幅度伸缩,比较原小波系数,其中较大的相关量可以理解为信号特征而保存起来,将其视为原始信号小波系数的逼近,最后经过小波逆变换重建得到图像。

在目前的图像处理技术中,多使用独立分布的系数假设模型(常用的有高斯分布、拉普拉斯分布和广义高斯分布或其他分布)来对小波系数进行拟合。选取相对适合的数学分布模型,对于体现这种系数间的关系并取得较好的重建精度来讲是非常重要的。空间选择性噪声过滤(Spatially Selective Noise Filtration,SSNF)方法是一种相对较早的使用不同层的小波分解系数相关信息处理方法,由于假频的 Lipschitz 系数为负数,因此其稀疏变换的系数随着尺度的增大而快速衰减。SSNF 的干扰假频在各层相应位置上的小波系数间有弱相关或不相关的特点,而地震数据信号对应的小波系数间往往具有较强的相关性,因此可以区别需要剔除的假频和需要保存的信号,达到重建的目的。

现有的国内外压缩感知理论插值地震数据重建算法中普遍采用的是离散

余弦变换、傅里叶变换与小波变换作为变换函数,但是上述变换函数在插值重建方面表现欠佳,对于图像的纹理细节的重建效果并不理想。而地震数据的细节信息对于后续的油气储藏判断非常重要。随着小波理论的发展,为寻求更高维函数的最优表示,各种变换算子不断出现,如脊波变换、曲波变换、轮廓波变换等,成为解决稀疏表示问题的有效工具。1998 年,Nick G. Kingsbury 解决了复小波的重建问题,发展出双树复小波变换(Dual-Tree Complex Wavelet Transform,DTCWT)。

传统的离散小波变换作为图像和信号处理工具得到了很大程度的肯定,广泛应用在图像除噪、压缩、分割等领域。但是传统的离散小波变换有其自身的局限性:平移会导致小波系数改变、方向选择较少、震荡性、频谱混叠等。双树复小波变换能够克服离散小波的上述缺点,并展示出自身的如下优势。

(1)平移不变性。双树复小波变换的平移不变性表明,待处理信号的微小平移不会对各尺度小波分解层上的系数造成影响。

(2)可以选择更多的方向。观察一般的地震图像,其描述的大多为连续的地震波前纹理。相对地,离散小波变换有着十分有限的方向选择性,同一层的小波系数上只能沿对角线方向、垂直方向、水平方向进行分解。由于这种局限,因此很难反应出不同分辨率上的纹理在多个方向的变化情况。DTCWT 在拥有更多可选择的方向的基础上,还继承了传统小波所具有的各类优点。

(3)数据冗余较少。DTCWT 对一维信号和二维信号进行系数表示的冗余分别为 2:1 和 4:1。

(4)完全重建特性。DTCWT 能够完全重建分解后的地震数据,保证了重建的处理效果。

(5)计算量少。相对于非抽象离散小波变换,双树复小波的分解重建过程的计算量要少很多。

1.5　卷积神经网络研究现状

2006 年,多伦多大学教授 Geoffrey Hinton 等在学术期刊《科学》上发表了基于深度置信网络的非监督贪心逐层训练算法的论文,其核心是通过采用一种逐层训练的方法,将上层训练好的结果作为下层训练过程中的初始化参数,解决深度学习模型优化问题。这一论文发表后,很快就引发了全世界对深度学习在研究领域和应用领域的发展热潮。随后,在 2016 年 3 月,由谷歌 Deep Mind 团队研发的基于深度学习的 AlphaGo 系列围棋算法以巨大优势击败了最顶尖的人类职业围棋选手获得胜利。此次胜利将深度学习引领的人工智能研究热潮推向了前所未有的新高度。因此,各大院校也跟随着潮流进行深度学习的研究。深度学习是机器学习(Machine Learning,ML)的一个新领域,是基于人工神经网络的机器学习中的一个分支。传统的人工神经网络(Artificial Neural Network,ANN)是一种浅层机器学习,以大量的神经元为基本单位互相连接构成,通过不同程度和不同层次的方法来实现神经网络系统在信息处理、学习、记忆、知识存储和检索方面的功能。深度学习源于人工神经网络,通过建立、模拟人脑的信息处理神经结构将底层特征进行组合,形成抽象的高层属性类别或特征,实现了数据的分布特征表示。这使机器能够像人一样,具有能够分析识别文字、图像和声音等数据的学习能力。深度学习是传统神经网络发展下的新一代神经网络,也是机器学习的一次重要革命。

在深度学习中,卷积神经网络(Convolutional Neural Network,CNN)尤为突出,被广泛应用于语音识别、图像处理、数据挖掘、多媒体学习等各个领域。CNN 是由纽约大学的 Yann LeCun 于 1998 年提出的。随后,研究人员又将完善 CNN 模型的网络结构、训练方法应用于手写数字中,实现了一个基于反向传播算法的卷积神经网络,将其应用于手写字符识别任务中,颇有成效。这项研究也给图像识别指明了研究方向。直到 2012 年开始,卷积神经网络才真正受到人们的瞩目。Krizhevsky 等构建了一个深层卷积神经网络,在 ImageNet 评测问题中利用了卷积神经网络的 65 万个神经元,使图像识别的错误率降低了 9%,这意味着卷积神经网络在图像处理领域获得重大突破,此后对其呈现出爆发式的发展。很快,研究者们将 CNN 并行处理能力强、自适应性好和容错性好的优势运用于图像去噪方面的研究中。

2008 年,Jain 等第一次将 CNN 用于去噪,证明卷积神经网络可以直接学习从低质量图像到干净图像的端到端的非线性映射,并取得了很好的效果。随后,Viren Jain 等于 2009 年提出用 CNN 处理自然图像的去噪问题,亦颇具成效。Xie 等在 2012 年提出了栈式稀疏去噪自编码器(Stacked Sparse Denoising Autoencoder,SSDA),把训练用的含噪数据和标签送至下一层作为数据和标签进行训练。SSDA 采用逐层训练的方式,让训练 CNN 过程更加快速和准确地达到收敛,使得训练中的概率学习和推断过程更加简便化,降低计算的复杂度。随后,Chen 等提出前馈深层网络(Feedforward Neural Network,FNN),被证明能取得更好的去噪效果。近年来的研究已经验证了增加模型的层数,去噪性能会得到提升,所以越来越多的深层网络被应用到图像去噪中。2016 年,Mao 等提出了深度卷积自动编码器并应用于图像去噪,利用卷积层进行编码来提取特征,利用反卷积层进行解码从而恢复出干净的数据,同时在卷积层和相应的反卷积层之间使用跳跃连接,解决深层网络梯度弥散的问题,加快网络训练,帮助解码器获取更多的原始数据细节,提高训练效果。2017 年,Zhang K. 等提出一种基于残差学习的全卷积去噪网络,使用分解学习方法与卷积神经网络结合将噪声与噪声图像分离。虽然这些方法各有长处,但也都有一定的局限性。

美国得克萨斯大学奥斯汀分校的 Shi Yunzhi 等采用基于卷积神经网络的编码—解码器网络,使地震图像通过该网络处理直接输出盐丘概率图像,利用深度学习实现盐丘顶底自动化解释。中国科学技术大学的伍新明等采用基于卷积神经网络模型进行地震数据断层检测,不仅能判断断层,还可以把断层的倾角检测出来。中国科技大学的 Duan Xudong 等则构建了一个卷积神经网络模型,对用其他方法获得的地震初至波走时自动拾取结果进行可靠性分析,识别出不可靠的拾取结果。沙特阿美公司 Taqi Alyousuf 等提出了一种基于卷积神经网络模型进行面波频散曲线自动拾取从而反演出地表模型的方法。虽然卷积神经网络被用于地震数据去噪的文献相对较少,但从卷积神经网络算法在地震勘探开发领域的应用现状来看,该技术已经在地震勘探领域落地。已有研究证实了卷积神经网络在地震数据处理中能够学习到数据中更抽象的信息,进行更有效的稀疏表示。卷积神经网络结构还具有稀疏连接、权值共享、降采样等优势,网络中的卷积运算可对二维数据直接进行复杂的处理,在地震数据处理和去噪领域具有广泛的应用价值和研究意义。

1.6　本书主要内容及章节安排

基于压缩感知理论的地震数据重建不仅可以减少采样、存储量和功耗,而且还可以降低计算复杂度,有效地降低对传感器硬件的要求。为更好地实现地震图像的高效采集与重建,针对地震图像的存储、传输、分析的理论要求和实际应用,本书主要以现有的压缩感知模型和算法为基础,结合 Curvelet 变换和 Bregman 迭代算法,针对地震图像数据的特点,设计出适用于地震数据的重建算法,改善重建效果,并且视觉质量也得到了提高。同时,由于噪声的存在严重影响后续地震资料的处理和解释,特别是偏远地区的随机噪声具有非平稳、高能、频域内有效信号与随机噪声严重混叠的特点,给常规去噪方法恢复地震数据带来很大的难度,因此传统的地震数据噪声压制算法很难达到理想的效果。本书将卷积神经网络运用至地震数据处理中,提出相关算法实现地震数据去噪,增强视觉质量,为进一步地震资料解释奠定基础。

全书的主要研究内容如下。

第 1 章：绪论。介绍本书的研究背景及研究意义，阐述油田中地震资料获取的重要性，同时对本书所需的基础理论进行综述，包括地震图像重建的发展现状、压缩感知理论的产生与发展、两代 Curvelet 变换的演进、小波与双树复小波变换的发展及卷积神经网络研究现状等。

第 2 章：压缩感知理论。首先简要介绍稀疏变换的理论知识、原理和特点，对稀疏变换进行了详细的分析；然后介绍压缩感知理论框架中的随机观测矩阵，并对多种观测矩阵进行列举与描述；最后重点介绍本书所用的重建算法，对 l_1 最小化问题进行描述，并对 BP、OMP 算法进行介绍。该章是全书的理论支撑，为后文对地震数据重建奠定基础。

第 3 章：基于 DTCWT 的阈值迭代地震数据重建。首先对小波变换 DWT 进行详细的介绍，进一步由小波变换的局限性引申到 DTCWT；然后对 DTCWT 的具体原理进行详细介绍，阐明双树复小波变换的具体操作。提出了基于 DTCWT 的收缩阈值迭代地震数据重建，对稀疏变换后的地震数据使用阈值软迭代法（Iterative Soft Thresholding，IST）进行重建，并将实验结果与传统的离散余弦变换及小波变换等地震数据重建结果进行对比，证明双树复小波对地震数据重建工作有着较为明显的优势。鉴于传统的 IST 算法并未考虑稀疏变换后不同层次系数间的相关性，对于重建效果的提升相对有限，通过分析子系数与父系数间相关性特征，用合适的分布模型来拟合小波系数，建立双阈值软迭代算法的数学模型，提出基于 DTCWT 的双阈值软迭代的地震数据重建方法。通过对比实验可知，重建后的地震数据的质量相对于 IST 迭代重建算法有着显著的提升。

第 4 章：基于 Curvelet 的收缩阈值迭代地震数据重建。首先简要介绍 Curvelet 变换的理论知识、原理和特点，对 Curvelet 的两种算法（即 Wrap 算法和 USFFT 算法）进行详细的分析；然后介绍 Curvelet 变换与地震图像的关系，Curvelet 能对地震图像进行最优的稀疏表达，并能有效捕捉波场细节特征。该章将地震图像与压缩感知相结合，改进采样方式以控制采样间隔，使得在传统采样的基础上使采样点在一定范围内具有一定的随机性。设计基于 Curvelet 变换高频子带信息熵变化的双变量收缩阈值迭代重建算法，对比实验证明该算法可以很好地重建地震图像，在同一采样率下更好地保持地震图像的纹理细节信息。

第 5 章：基于 Bregman 迭代算法的地震数据重建。首先简述 Bregman 迭代算法的原理及 Bregman 距离等基本概念；然后对线性 Bregman 迭代算法和残差 Bregman 迭代算法进行研究，根据得到的对比研究结果提出改进型 Bregman 迭代算法，它对复杂的地震图像重建效果较好。在整个迭代过程中，选择的阈值算子 H 是根据 H—curve 准则的参数选取的软阈值，这在一定程度上增强了地震图像的正确性。对比实验证明，改进后的算法峰值信噪比更高，主观的视觉效果也比较好。为进一步提升重建效果，提出基于 k—SVD 字典训练的分裂 Bregman 迭代地震数据重建算法。实验表明，该算法对地震数据重建效果有所提升，算法峰值信噪比进一步提高，从主观的视觉效果来看，算法可以对地震数据的纹理细节进行更加完整的重建。

第 6 章：基于压缩感知观测矩阵的地震数据重建。首先对常用的五种观测矩阵进行介绍和分析，重点研究广义轮换矩阵，它具有很强的列非相关性，并且能够强化低频段采样，也就是改变观测矩阵每行的前半段部分元素系数，从而增强列与列之间的非相关性，并且修改后的系数值也加强了低频段的采样；然后对地震图像进行重建实验，经过对比可知，采用广义轮换矩阵作为观测矩阵时重建的效果最好，这个矩阵具有稳定性，它是确定性观测矩阵，可以更好地完成硬件的实现和存储。

第 7 章：地震数据去噪方法与数据增强。首先简要介绍地震数据随机噪声的特点，并对常用的去噪方法进行分析，通过分析地震数据结构，运用 Matlab 读取 SEG—Y 文件，以获取实际地震数据的方式来建立地震数据集；然后针对地震数据量有限问题，采用裁剪、旋转、缩放、平移及加噪扩充数据的方式来增强数据集，以便在训练网络时得到模型更强的去噪特性；最后对地震数据的归一化预处理方法进行介绍。通过对地震数据进行预处理，训练出更好的网络参数，提高网络去噪性，地震数据集的建立与处理是构建地震数据去噪模型的基础。

第 8 章：基于卷积神经网络的地震数据去噪研究。该章详细介绍采用 DnCNN 网络对地震数据去噪的方法，运用残差学习、批标准化和自适应矩估计等技术，实现一种基于深度卷积神经网络的自适应地震数据去噪算法，这是构建 DnCNN 地震数据去噪模型的基本思想理念。通过优化网络深度、训练集及网络参数来提高网络去噪性能，通过与传统去噪方法的对比进行实验分析，验证采用 DnCNN 去噪比传统去噪方法具有更强的去噪性，在实际地震数据去噪处理中具有较强的适用性，能够大量去除实际地震数据中的随机噪声。

第 9 章：基于空洞卷积神经网络的地震数据去噪研究。对于 DnCNN 感受野大小受限，造成部分纹理信息丢失的现象，采用空洞卷积改进卷积神经网络，并结合残差学习、批标准化、自适应矩估计的方法，提出一种基于空洞卷积神经网络的地震数据去噪算法。通过增大扩张率来扩大感受野,获取更多抽象特征,来保留大量的有效信号。通过实验分析建立的空洞卷积去噪模型,并对合成的地震数据和实际的地震数据进行去噪分析。结果表明,空洞卷积去噪算法优于传统去噪方法,在地震数据去噪处理中更具有优越性。

第 2 章　压缩感知理论

2.1　压缩感知理论概述

压缩感知理论是由 Donoho 于 2006 年提出的。从采样方式角度来讲,压缩感知理论框架的特点主要体现在三个方面:压缩感知理论框架的输入需要一定维度的采样数据;压缩感知理论要求采样矩阵具有随机性,才能使每一个采样的原子包含重建逼近信号所需的少量信息;通过求解稀疏约束的优化问题来重建采样信号。

信号可以进行压缩感知处理的前提是信号本身或在某一变换域内具有稀疏性。如果想使其在某一域内稀疏,就需要找到一个能与之对应的正交变换或紧框架。可以通过采样矩阵来实现信号的结构化表示,即构造优秀的随机采样矩阵,进而留住稀疏向量下采样后的重要信息。重建算法从某种程度上决定了信号的重建精度,主要考虑如何通过少量线性采样重建出原始信号的逼近,即选择哪种方法来获得最优解。总之,根据压缩感知理论,假设 f 是采样个数为 m 的采样信号,其采样的原信号为长度 n 的信号 u,且 $m \leqslant n$,那么,可以重建出信号 u 的逼近,即

$$f = \Phi u \tag{2.1}$$

式中,$u \in \mathbf{R}^n$,u 的维度是 n;f 的维度是 m;Φ 是尺寸为 $m \times n$ 的采样矩阵,采样率的计算为 Subrate $= m/n$。因为观测值 f 的维度要比 u 的维度小得多,所以从表面上看利用 f 所包含的信息来做到精确恢复 u 是不可能的。但是,如果 u 具有一定的稀疏性,就能实现满足实际需要的数据重建。

信号具有稀疏性是压缩感知的重要前提,能让目标信号达到较高的重建精度及较低的重建时间。对于一个信号,如果它的绝大部分由零元素组成,则这个信号会被认为具有稀疏性。一般的自然信号大多数在时域内并不具有如上的稀疏性,但是将其变换到某个频域时,压缩感知所需的稀疏性就会在这个变换域体现出来。信号的稀疏性此时就可以表述为在某个变换域内待处理信号能够由少数的非零元素表示。因此,选定稀疏变换是在保存足够完备信息的同时,为减少硬件存储与传输压力,要有最少的信息稀疏解,采样信号才可

以得到较为精确的重建。

l_0 最小化的求解可以表述为

$$\hat{u} = \arg\min \| u \|_0, \quad \text{s. t.} \ f = \Phi u \tag{2.2}$$

式中,$\hat{u}$ 表示原始信号的逼近;f 表示采样值。

对信号的稀疏性可以理解为在一维时域上有一长度为 n 的离散信号 $u \in \mathbf{R}^n$,可以通过线性组合的标准正交基来表述,即

$$u = \sum_{i=1}^{N} \alpha_i \psi_i \ \text{或} \ u = \Psi\alpha \tag{2.3}$$

式中,$\Psi = [\psi_1, \psi_2, \cdots, \psi_N]$;$\psi_i$ 为列向量,$\psi_i \in \mathbf{R}^N (i=1,2,\cdots,N)$;$\alpha$ 是 x 加权系数序列,$\alpha \in \mathbf{R}^N$;$\alpha_i = \langle x, \psi_i \rangle = \psi_i^{\mathrm{T}} x (i=1,2,\cdots,N)$。可知,$\alpha$ 是 x 等价表示。此时,若信号 x 具有稀疏性,则 α 的系数多数接近于零或等于零。非零元素若在 α 中有 K 个,那么 α 是 x 的 K 稀疏表示。

2.2　随机采样矩阵

压缩感知的第一个步骤就是进行随机采样,构造出的采样矩阵会直接影响最后阶段的重建完整度。整个采样过程的目的是对系数向量观测得到采样值。利用向量少量线性投影得到的采样值,其中所蕴含的信息足够进行高精度的数据重建。因此,生成一个既能满足压缩感知理论所需的稀疏性又能实现对采样信号的重建的矩阵就成为需要完成的任务。而何时需要何种的采样矩阵也是重要的研究内容之一。

采样矩阵是由 m 个长度为 n 的行向量 δ^2 构成的集合,通过 x_i 的 $A_i = |x_i|$ 和 $A' = \dfrac{A_i - A_{\min}}{A_{\max} - A_{\min}}$ 做内积,得到观测值 A_i 中的元素 $A_{\max}$ 就是将 $A_{\min}$ 投影到采样列向量 φ_j 上。大量的研究表明,如果要在 f 中准确地重建 u,信号 x 在正交基 φ 下的变换系数向量 Θ 就要满足约束等距限制(Restricted Isometry Property,RIP)。若有一稀疏变量 u,其稀疏度为 K,则 Φ 要满足

$$(1 - \delta_K) \| x \|_2^2 \leqslant \| \Phi x \| \leqslant (1 + \delta_K) \| x \|_2^2 \tag{2.4}$$

压缩感知是通过极少的稀疏信号采样进行重建的过程,即原信号 u 通过采样矩阵 Φ 得到采样后的向量 f,欠定方程式(2.4)能表示这一过程。对于其中的 u,若想此式成立,需要最小限制等距 δ_K,$0 < \delta_K < 1$,对于 $u = \Psi\Theta$,Ψ 是稀疏变换算子。若式(2.4)的条件得到满足,则采样信号长度 M、等距 δ_K 和稀疏度 K 之间的关系应有

$$M \geqslant \frac{1}{2}\left(\frac{K-1}{\delta_K} - K\right) \tag{2.5}$$

Richard Baraniuk 论证了 RIP 等价条件,指明稀疏变换基 $\boldsymbol{\Psi}$ 和采样矩阵 $\boldsymbol{\Phi}$ 不相干,即 $\boldsymbol{\Psi}$ 的列与 $\boldsymbol{\Phi}$ 的行之间应该线性不相关,可用下式表示二者之间的相干性,即

$$\mu(\boldsymbol{\Psi},\boldsymbol{\Phi}) = \sqrt{N} \max_{1\leqslant i\leqslant N,1\leqslant j\leqslant M} |\langle \boldsymbol{\psi}_i,\boldsymbol{\varphi}_j \rangle| \tag{2.6}$$

式中,$\boldsymbol{\psi}_i$ 是 $\boldsymbol{\Psi}$ 的列向量;$\boldsymbol{\varphi}_j$ 是 $\boldsymbol{\Phi}$ 的列向量。Baraniuk 进一步指出,$\mu(\boldsymbol{\Psi},\boldsymbol{\Phi}) \in [1,\sqrt{N}]$,若在 $\boldsymbol{\Phi}$ 与 $\boldsymbol{\Psi}$ 中不包含相关元素,那么 $\mu(\boldsymbol{\Psi},\boldsymbol{\Phi})$ 较小,否则相反。

综上可知,对于采样矩阵的设计规则及注意事项,主要总结为以下几点。

(1) 采样矩阵 $\boldsymbol{\Phi}$ 需具备的充分条件是满足 RIP 特性,如式(2.4)。

(2) 对于稀疏信号,传感矩阵的行数 A 与信号稀疏度 K 的数值必须满足式(2.5)。

(3) 采样矩阵需要满足以下三个条件:采样矩阵的各个列之间要保持一定的线性不相关性;采样矩阵的列表现出某种独立随机性(如噪声);重建后得到的解是满足 l_1 范数最小的向量。

压缩感知的发展历程中,在采样矩阵的设计方面取得了一定成果。实际的采样矩阵经常为各种类型的随机矩阵,常用的有部分哈达马矩阵、高斯随机矩阵、伯努利随机矩阵等。

(1) 部分哈达马矩阵。哈达马矩阵的行向量是线性无关的,因此它的重建效果好,但只能通过完整哈达马矩阵来生成部分哈达马矩阵。因此,将部分哈达马矩阵作为采样矩阵时,输入信号的长度受限于矩阵维数,这极大限制了部分哈达马矩阵的应用,采样时需要选择较大的矩阵然后补齐输入数据。

(2) 高斯随机矩阵。压缩感知理论对稀疏数据降维过程中,最常用的采样矩阵之一就是高斯随机矩阵。其作为采样矩阵具有很强的随机性,有着下列优点:容易满足约束等距的要求,且对于大部分信号都能很好地适应;需要较少的采样次数。

(3) 伯努利随机矩阵。伯努利随机矩阵也是压缩感知理论常用的采样观测矩阵,其优点是:非相干性好,与大多数的采样矩阵不相关;充分满足了约束等距定理的要求。

若要以高精确度逼近原始信号,矩阵的观测次数需满足

$$M \geqslant cK \log \frac{N}{K} \tag{2.7}$$

式中,M 表示信号的观测次数;K 表示信号的稀疏度;N 表示信号长度;c 是很小的常数。

部分哈达马矩阵、高斯随机矩阵及伯努利随机矩阵因其优点而在仿真实验中被大量使用。此外,采样矩阵、部分正交传感矩阵、稀疏随机传感矩阵和巧普利兹循环传感矩阵等也在某些特定的仿真环境中被使用。它们均已被验证达到了 RIP 条件,但有的实现复杂,提高了对硬件的要求;有的重建精度较低;有的在信号处理中不具有普适性,导致其应用条件有限。

根据压缩感知原理,满足以下条件方可作为稀疏重建的采样矩阵。

(1)稀疏度 K 相同时,越小的 M(采样次数)越好。压缩感知理论在一些情况下的应用范围由采样次数作为非单一指标来衡量。

(2)容易实现和较低的硬件要求是设计采样矩阵时考虑的因素。由于现实环境的复杂与应用情况的多变,因此是否能够使其易于实现,采样矩阵在其中的应用是衡量采样矩阵合理性的另一重要指标。

(3)对大多数的稀疏性信号都适用。原始信号满足稀疏特性是实现压缩感知理论的基础,所以其另一合理性的重要指标是稀疏信号采样矩阵的适用性。

2.3　重建过程

2.3.1　l_1 优化问题的提出

信号重建是压缩感知理论框架的最终步骤。通过采样数据 f 重建出接近于完整数据的逼近 $\hat{u}$,这个问题可以等价为对 l_0 最小化问题(式(2.2))进行求解。由于 l_0 最小化是典型的非凸 NP 难问题,在多项式条件下 l_0 最小化问题几乎无法求解,甚至无法通过数学方法验证其解的可靠性,因此对 l_0 最小化问题的求解必须由其他的方法来代替。为解决这一问题,Donoho 等提出可以用 l_1 范数代替 l_0 范数,并证明了这一理论,结合式(2.3),在采样信号具有稀疏性的条件下,式(2.2)等价于

$$\hat{a} = \mathrm{argmin}\ \|\, a\,\|_1, \quad \mathrm{s.\,t.}\ f = \boldsymbol{\Phi}\boldsymbol{\Psi}a \qquad (2.8)$$

根据式(2.8),将 $\boldsymbol{C} = \boldsymbol{\Phi}\boldsymbol{\Psi}$ 定义为传感矩阵,如果有 $\boldsymbol{C}^{-1}$ 是矩阵 $\boldsymbol{C}$ 的逆矩阵,那么压缩感知的重建过程可以表述为 $a = \boldsymbol{C}^{-1}f$。但由于 $\boldsymbol{C}$ 本身的特性($M \ll N$),因此 $\boldsymbol{C}^{-1}$ 是不存在的,f 中方程只有 M 个,而未知数个数 N 远大于 M,则方程 $f = \boldsymbol{C}a$ 是一个有无穷多个解的欠定方程。对于二维问题的求解,可以将特殊平面 $\boldsymbol{C}^{-1}f - a = 0$ 理解为一条直线。图 2.1(a)所示的 l_1 范数几何特性是一个平行四边形,与横纵坐标轴相交于四个角,因此直线与其的交点便很大概率地落在了坐标轴上,能使 f 变得更加稀疏。而图 2.1(b)所示的 l_2 范数几何特

性是一个圆,因此除与坐标轴垂直或平行的直线外,其余与之相交的直线都会与其相切。又由于 $\boldsymbol{\Phi}$、$\boldsymbol{\Psi}$ 二者不相干,基本上不可能出现与坐标轴垂直或平行的这种极端情况,因此矩阵 f 在 l_2 最小化问题中基本没有零值,无法使信号具有稀疏性。

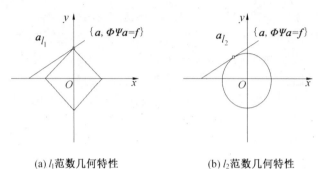

(a) l_1 范数几何特性   (b) l_2 范数几何特性

图 2.1 l_1 和 l_2 范数

因为 $l_p(p>1)$ 范数的边界都是凸的,而 $l_p(0\leqslant p<1)$ 范数的外边界都向中间凹,所以 $l_p(0\leqslant p<1)$ 的外边界最小值和直线的交点就会有相当大的概率落在横纵坐标轴上,这就是此处要使用 l_1 范数的原因。对于式(2.7)中的 l_1 最小化问题,可由拉普拉斯乘子法转化为

$$\hat{\boldsymbol{a}}=\operatorname{argmin}\left\{\tau\parallel\boldsymbol{a}\parallel_1+\parallel f-\boldsymbol{\Phi\Psi a}\parallel_2^2\right\} \tag{2.9}$$

式中,τ 表示正则化项参数。

由上述分析可知,重建过程就是解决式(2.9)所示的 l_1 最小化问题。可以使用全变分(Total Variation,TV)代替式(2.9)中的正则化项,在实际应用中使用全变分正则化项可以得到更好的重建效果,即

$$\hat{\boldsymbol{a}}=\operatorname{argmin}\left\{\tau\parallel\boldsymbol{a}\parallel_1+\parallel f-\boldsymbol{\Phi\Psi a}\parallel_2^2\right\} \tag{2.10}$$

全变分正则化方法的约束项为

$$\mathrm{TV}(\boldsymbol{x})=\sum_{i,j}\sqrt{\left[a(i+1,j)-a(i,j)\right]^2+\left[a(i,j+1)-a(i,j)\right]^2}$$

2.3.2 收缩阈值迭代算法

综上可知,很多时候需要利用贪婪算法与凸优化算法对 l_0 优化问题进行求解。现阶段广泛使用式(2.9)所示的 l_1 最小化问题作为压缩感知的信号重建算法。首先是基追踪(Basis Pursuit,BP)重建算法,该算法通过高复杂度的穷举过程来得到信号逼近的最优解,但由于其运算量过大,因此无法得到广泛应用。随后,收缩阈值迭代算法(Iterative Shrinkage Thresholding,IST)被提出,虽然运算速度较慢,但对参数要求偏低,且实现过程较为简单。收缩阈

值迭代算法主要步骤的流程图如图 2.2 所示。

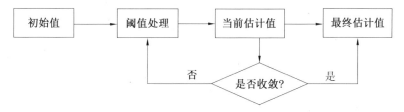

图 2.2　收缩阈值迭代算法主要步骤的流程图

IST 是反演过程的常用算法,每次迭代时利用上次迭代的值来估计当前值,即

$$\boldsymbol{\alpha}^{t+1} = (1-m)\,\boldsymbol{\alpha}^t + m\boldsymbol{\Gamma}(\boldsymbol{\alpha}^t + \boldsymbol{\Phi}^{\mathrm{T}}(\boldsymbol{f} - \boldsymbol{\Phi}\boldsymbol{\alpha}^t), \tau) \tag{2.11}$$

式中,$\boldsymbol{\Gamma}(\cdot)$ 表示阈值算子;$\boldsymbol{\alpha}^t$ 为算法第 t 次迭代的估计值;τ 是正则化项参数;m 表示调节因子。当 $m=1$ 时,式(2.11)可以进一步简化为

$$\boldsymbol{\alpha}^{t+1} = \boldsymbol{\Gamma}(\boldsymbol{\alpha}^t + \boldsymbol{\Phi}^{\mathrm{T}}(\boldsymbol{f} - \boldsymbol{\Phi}\boldsymbol{\alpha}^t), \tau) \tag{2.12}$$

2.3.3　正交匹配追踪算法

正交匹配追踪算法(Orthogonal Matching Pursuit,OMP)的主要思想可以表述为:根据最大相关性原则(最大相关性的定义是计算残差与传感矩阵每一个列向量的内积,找到并保存特定的列向量使得这个内积最大),迭代选取传感矩阵 $\boldsymbol{C}$ 中的列向量,在每一次迭代循环中,通过传感矩阵寻找与残差具有最大相关性的列向量并将其保存到索引集合中,更新残差集合,记录搜索到的重建原子集合,减去采样矩阵中的相关部分。当整个迭代过程达到终止条件时,停止迭代并输出结果;否则,继续进行,直到达到迭代次数上限或满足稀疏度时终止。

OMP 算法每次迭代过程都要进行残差正交和原子选择,为降低重复选择次数,每次选择的原子都要与上次选择的原子线性无关,并且 OMP 算法保证了残差最小。但是,随着迭代的进行,原子数目越来越多,使得计算量增加。为得到较好的重建成功率,对迭代次数的要求较高,使得重建时间变长。

2.4　本章小结

本章简述了压缩感知理论的基本框架。重建算法主要解决的是 l_1 最小化求解,每步迭代都对当前值进行一次估计,直到满足迭代终止条件,输出最终估计值。然而一般的基追踪、收缩阈值迭代等重建算法多在传统的稀疏基

（如小波变换）上进行,由于小波变换无法做到平移不变,且小波基的方向选择性少,因此影响了重建结果的完整度。近年来,随着多尺度几何分析的进步,提出了一系列克服上述缺点的稀疏表示信号的变换,如曲波变换、DTCWT 等,使信号的稀疏表示能力得到了提高。因此,为解决传统小波变换导致的信号稀疏性不足,本书主要采用 DTCWT 作为压缩感知理论的稀疏变换算法。

第3章 基于 DTCWT 的阈值迭代地震数据重建

小波变换是广泛应用的稀疏处理算法,但是在二维图像信号处理与变换上存在着很大的局限性,如缺乏平移不变性、频谱混淆、缺乏方向选择性等。为解决这些问题,各种新的稀疏变换被提出。Kingsbury 构造出双树复小波变换 DTCWT,由于其具有诸如平移不变性、更多的方向选择性、数据冗余较少等优点,因此可以得到更加完整的地震数据。本章将从小波变换理论开始,进一步说明 DTCWT 变换过程,并将其应用于解决地震数据重建问题。

3.1 小波变换理论

定义域为 $(-\infty, +\infty)$ 的函数,设 $f \in L(R)$,称

$$\hat{f}(t) = \int_{-\infty}^{+\infty} f(x) \mathrm{e}^{-2\pi \mathrm{i}xt} \mathrm{d}x \tag{3.1}$$

为 f 的傅里叶变换,同时称

$$\int_{-\infty}^{+\infty} \hat{f}(t) \mathrm{e}^{-2\pi \mathrm{i}xt} \mathrm{d}t \tag{3.2}$$

为 f 的傅里叶积分。

一般将连续傅里叶变换称为傅里叶变换,这是一种对函数进行特殊线性变换的映射。另一种等价说法是,傅里叶变换实现了某一函数到其连续频谱的分解过程。函数 $f(nT)$ 被离散傅里叶变换映射到连续频域,参数 nT 为时间,其中的 $n \in \mathbf{Z}$,T 为观测间隔。综上,可得到其周期性连续频谱 $F(\mathrm{e}^{\mathrm{i}w})$。

Cooley—Tukey 提出快速傅里叶变换(Fast Fourier Transform,FFT),其基本原理是利用加法运算速度快于乘法,在运算过程中减少乘法的使用,如

$$a_n = \frac{1}{N} \sum_{k=0}^{N-1} A_k W_N^{-kn}, \quad n = 0, 1, \cdots, N-1 \tag{3.3}$$

计算 a_n 时,对每个确定的 n 要做 N 次乘法,总共要做 N^2 次乘法。若用快速算法(进行同类项合并),当 $N = 2^n$ 时,就可以由 N^2 次乘法运算减少到

$\dfrac{N}{2}\log_2 N$。数值变化越快，计算速度越快。

小波变换的思想是局部频谱的信号分析，是较理想的数学工具，是对傅里叶变换的全局性的重大突破，小波对于局部信号用可变的窗口大小进行分析。小波变换的本质是一个对特定函数经过缩放和平移生成的函数族，整个变换过程就是在这个函数族上进行信号分解，此处的特定函数是小波母函数 $\psi(t)$，有

$$\psi_{a,b}(t) = |a|^{-1/2}\psi\left(\dfrac{t-b}{a}\right), \quad a,b \in \mathbf{R}, a \neq 0 \tag{3.4}$$

式中，平移参数为 b；尺度用 a 来表示，$a>0$；$\psi_{a,b}(t)$ 表示小波变换受其尺度与平移参数的影响。对 $\psi(t)$ 进行傅里叶变换，其频域表示必须符合容许性条件，即

$$C_\psi = \int_R \dfrac{|\Psi(\omega)|^2}{\omega}\mathrm{d}\omega < \infty \tag{3.5}$$

由上式可得 $\int_R \Psi(t)\mathrm{d}t = 0$，表明小波的波形是正向与负向轮流波动的。小波还可以利用正变换算子进行频率衰减，利用逆变换算子进行时间／空间衰减，这种频率与空间上的衰减能同时进行，有着良好的重建精度。小波可将图像描述为某个位置产生的频率，有着更好的图像描述能力。

对于任意函数 $f(t)$，有 $f(t) \in L^2(R)$，对其进行小波基展开，就得到了连续小波变换（Continuous Wavelet Transform，CWT），即

$$W_f(a,b) = \langle f(t), \Psi_{a,b}(t)\rangle = |a|^{-1/2}\int_{-\infty}^{+\infty} f(t)\overline{\Psi}\left(\dfrac{t-b}{a}\right)\mathrm{d}t \tag{3.6}$$

式中，$f(t)$、$\Psi_{a,b}(t) \in L^2(R)$；$\overline{\Psi}\left(\dfrac{t-b}{a}\right)$ 表示 $\Psi_{a,b}(t)$ 的复共轭；t、a、b 是连续变量。

小波内积定理中，令 $f_1(t) = f(t)$，$f_2(t) = \delta(t-t')$，可以推导出逆连续小波变换（Inverse Continuous Wavelet Transform，ICWT），其数学描述为

$$f(t) = \dfrac{1}{C_\Psi}\int_{-\infty}^{+\infty}\int_{-\infty}^{+\infty} W_{\Psi,f}(a,b)\cdot\Psi\left(\dfrac{t-b}{a}\right)\dfrac{\mathrm{d}a}{a^2}\mathrm{d}b \tag{3.7}$$

式中，$C_\Psi = \int_0^{+\infty}\dfrac{|\hat{\Psi}(a\omega)|^2}{a}\mathrm{d}a < \infty$，即对 $\Psi(t)$ 提出的容许条件。

离散小波变换就是将输入和输出的数据离散化，一般应用于时频分析与数值分析。连续小波变换的冗余度大，若将输入离散化再进行小波变换，就可以进一步降低冗余度，提高整体的保真度，且小波变换在计算机的仿真实验中对得到的离散化数据更易于处理。

先对原始输入数据进行指数级的离散化,即令 $a = a_0^j, j \in \mathbf{Z}$,其小波函数为 $a_0^{-\frac{j}{2}} \Psi(a_0^{-j}(t-b))$,然后离散化位移参数。若有 $a = a_0^0 = 1(j=0)$,则对 b 进行时间间隔为 b_0 的均匀采样,b_0 值要保证信息对全轴的覆盖。因为 $\Psi(a_0^{-j}t)$ 的宽度是 $\Psi(t)$ 的 a_0^j 倍,则当间隔被扩大 a_0^j 倍时,就是 j 值以 $a_0^j b_0$ 为间隔沿着 b 轴做均匀采样,能够保证采样到的样本中包含全局信息。综上,$\Psi_{a,b}(t)$ 变为离散小波 $\Psi_{j,k}(t) = a_0^{-\frac{j}{2}} \Psi(a_0^{-j}t - kb_0), j \in \mathbf{Z}, k \in \mathbf{Z}$,相应的表达式为

$$W_{\Psi,f}(a_0^j, kb_0) = W_{\Psi,f}(j,k) = \int_{-\infty}^{+\infty} f(t) \Psi_{j,k}(t) \mathrm{d}t = \langle f, \Psi_{j,k}(t) \rangle \quad (3.8)$$

逆变换的离散小波算子为

$$f(t) = \sum_{j=-\infty}^{+\infty} \sum_{k=-\infty}^{+\infty} W_{\Psi,f}(j,k) \Psi_{j,k}(t) \quad (3.9)$$

$W_{\Psi,f}(a_0^j, kb_0)$ 能否无冗余并完整地表征 $f(t)$ 由基小波 $\Psi(t)$ 经平移和伸缩得到的函数族 $\Psi_{j,k}(t) = a_0^{-\frac{j}{2}} \Psi(a_0^{-j}t - kb_0)$ 的性质决定。

在离散函数族 $\Psi_{j,k}(t)$ 中,参数为 a_0、b_0,若存在常数 A、$B(0 < A \leqslant B < \infty)$,满足条件

$$A \| f \|_2^2 \leqslant \sum_{j,k \in \mathbf{Z}} | \langle f, \Psi_{j,k}(t) \rangle |^2 \leqslant B \| f \|_2^2 \quad (3.10)$$

再根据式(3.8),$W_{\Psi,f}(a_0^j, kb_0)$ 就能稳定地重建出函数 $f(t)$。当 $a_0 = 2, b_0 = 1$ 时,构成的是离散化的动态二进制采样网络。但若想让式(3.8)无冗余地表示 $f(t)$,就只能令 $\Psi_{j,k}(t)$ 之间满足正交关系。

Mallat 和 Meyer 基于小波函数提出了多分辨率分析(Multiresolution Analysis,MRA)概念。Mallat 在 MRA 的基础上受到塔式结构的启发,提出了 Mallat 算法,可以对信号进行多分辨率分析与快速重建,能独立分析包含图像细节的小尺度信号和包含图像轮廓的大尺度信号。若利用 Mallat 算法进行小波变换,会划分原图像为四个子带 LL_j、LH_j、HL_j 和 HH_j。LL_j 是低频成分,LH_j 垂直、水平方向分别为高、低频成分,HL_j 成分与 LH_j 成分相反,HH_j 是对角方向的高频成分。下一级变换会在上一级的 LL_j 子带上继续进行,将大尺度划分为小尺度来得到图像纹理细节。小波三级变换示意图如图 3.1 所示。

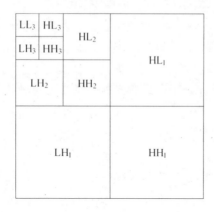

图 3.1 小波三级变换示意图

3.2 双树复小波变换

因为两级及以上分解的复小波变换的输入都是复数形式,所以随着研究的深入,一般的复小波变换已经不能满足信号重建的要求,无法找到一个逆变换能够实现复小波的完全重建。Nick G. Kingsbury 等构造的 DTCWT 完美地解决了这个问题:以复小波的形式进行分解,使得复小波的优点得以保留;通过双滤波形式来构造算子,实现逆变换过程的完全重建。复小波可以表示为

$$\Psi(t) = \Psi_r(t) + \Psi_i(t) \tag{3.11}$$

DTCWT 利用两个独立的实函数小波变换 $\Psi_r(t)$、$\Psi_i(t)$ 分别表示复小波的实部与虚部,分解为两个独立的树 a 与 b。其中,a 为上述的实部小波变换,b 为虚部小波变换。用 $h_0(n)$、$g_0(n)$ 分别表示 a 和 b 的低通滤波器;$h_1(n)$、$g_1(n)$ 分别表示 a 和 b 的高通滤波器。令 a 与 b 之间在当前变换保留一个延迟(时长为一采样周期),就能确保 a 中因二抽样而被舍弃的部分信息被 b 保留。为保证每层采样都有半个周期的延迟,对于两层和两层以上的变换都将延迟设置为采样周期的 0.25,且将滤波器波长设置为偶数,这时的 a 与 b 符合 Hilbert 变换对的定义。因此,DTCWT 在具备了二采样下平移近似不变性的同时,也具备了无偏性与频谱单边性,体现了复数小波变换的优点。图 3.2 所示为 DTCWT 的分解示意图。

在逆 DTCWT 的过程中,为保证能够完全重建,采用双正交滤波分解得

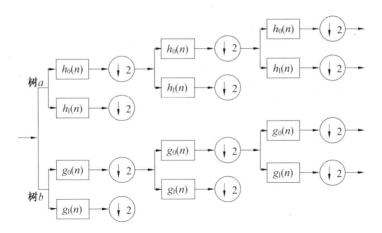

图 3.2　DTCWT 的分解示意图

到两棵树，最后为让整个变换过程能够保持平移不变，需要平均处理输出结果。双树复小波逆变换示意图如图 3.3 所示。

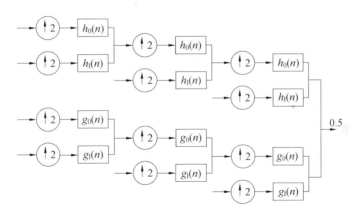

图 3.3　双树复小波逆变换示意图

3.3　二维双树复小波变换

设一幅图像数据为 $f(x,y)$，则二维 DTCWT 可以通过一维 DTCWT 的张量积得到，即

$$\Psi(x,y)=\Psi(x)\Psi(y)$$

式中，$\Psi(x)=\Psi_h(x)+\mathrm{j}\Psi_g(x)$。将 $\Psi(x)$、$\Psi(y)$ 代入得到

$$\Psi(x,y)=\big[\Psi_h(x)+\mathrm{j}\Psi_g(x)\big]\big[\Psi_h(y)+\mathrm{j}\Psi_g(y)\big]$$

27

$$= \Psi_h(x)\Psi_h(y) - \Psi_g(x)\Psi_g(y) + \mathrm{j}[\Psi_g(x)\Psi_h(y) + \Psi_h(x)\Psi_g(y)] \tag{3.12}$$

二维信号的 DTCWT 过程如下。首先对列方向进行可分离滤波，再对行方向进行同样的操作。在整个滤波的过程中都要对负频进行阻抑、对正频进行增强，所以就只保留了正频频谱（即第一象限），二维 DTCWT 分解示意图如图 3.4 所示。然后利用 DTCWT 的滤波器对负频（即第二象限）进行复共轭滤波，生成六个子带，分别对应六个方向，其中第一象限 $+15°$、$+45°$、$+75°$，第二象限 $-15°$、$-45°$、$-75°$。

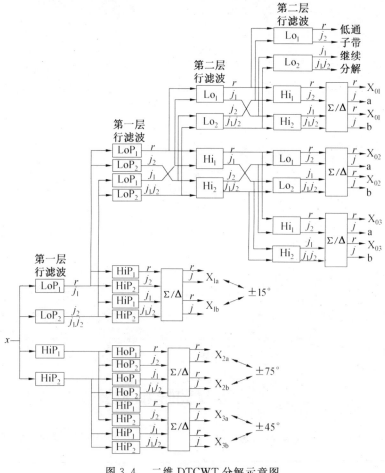

图 3.4　二维 DTCWT 分解示意图

3.4　基于 DTCWT 的收缩阈值迭代地震数据重建

3.4.1　重建算法描述

算法中使用的地震数据如图 3.5 所示,为两幅地震数据单炮记录,共 128 道数据,横向为地震道轴,纵向为时间轴,长度为 512。

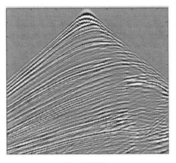 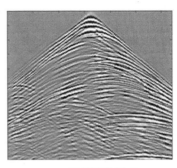

(a) 地震数据 A　　　　　　　　　　　(b) 地震数据 B

图 3.5　算法中使用的地震数据

对地震数据进行 40％ 随机道缺失采样(即采样率为 60％)后的地震数据如图 3.6 所示。

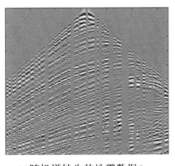 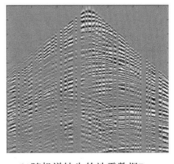

(a)随机道缺失的地震数据A　　　　　　　(b)随机道缺失的地震数据B
(PSNR=20.789 4 dB)　　　　　　　　　　(PSNR=20.544 6 dB)

图 3.6　对地震数据进行 40％ 随机道缺失采样后的地震数据

在图像压缩感知应用中,常常求解基追踪优化,但是基追踪算法的重建过程较为复杂,即使是纹理简单的图像也需要大量的运算时间,因此降低计算复杂度是关键。一些学者先后提出了匹配追踪、梯度投影、正交匹配追踪等重建算法,这类算法都有着较低的复杂度,但是重建后的图像质量较差。本实验利用基于 DTCWT 的收缩阈值迭代法(Iterative Shrinkage Thresholding Algorithm,ISTA)进行地震数据重建,并与上述传统算法进行对比。根据第 2 章的阐述(式(2.11)、式(2.12)),可将算法步骤描述如下。

(1) 读取原始地震数据,确定采样率 Subrate、地震数据采样数据 f、迭代总次数上限 K、迭代停止参数 τ。

(2) 根据 $f = \boldsymbol{\Phi} u$ 对地震数据进行采样率为 Subrate 的道缺失采样,生成采样矩阵 $\boldsymbol{\Phi}$ 与采样后道缺失的地震数据 f。

(3) 对道缺失的地震数据 f 进行双树复小波变换 $\hat{a} = \boldsymbol{\Psi} f$。

(4) 进行阈值 $\boldsymbol{\Gamma}$ 的更新,如果迭代次数为 1,则设 $\boldsymbol{\Gamma}$ 初始阈值为 Γ_0。

(5) 进行 ISTA 阈值收缩处理,$\hat{a}^{t+1} = \boldsymbol{\Gamma}(\hat{a}^t)$。

(6) 进行双树复小波逆变换,$\hat{u} = \boldsymbol{\Psi}^{-1} \hat{a}$。

(7) 对变换后的数据进行插值处理,$\hat{f} = \hat{u} + \boldsymbol{\Phi}^{\mathrm{T}}(f - \boldsymbol{\Phi} \hat{u})$。

(8) 判断当前 $\| \hat{f} - f \|_2 > \tau$ 是否成立或迭代次数是否小于迭代次数上限(即 $k < K$)。如果是,则代入 $f = \hat{f}$ 继续执行步骤(3);否则,输出重建后的地震数据。

3.4.2 仿真实验及分析

实验采用传统的离散小波变换(DWT)、离散余弦变换(DCT)、离散傅里叶变换(DFT)和传统的 BP 重建算法与上述基于 DTCWT 的傅里叶算法进行对比。对上述地震数据进行多种采样率的实验,图 3.7 和图 3.8 所示为采样率为 60% 时地震数据 A、B 的重建结果。实验的硬件平台采用双核 CPU 主频 3.3 GB 的奔腾 G3260 微机,内存容量为 4 GB。系统软件为 64 位 Windows 7 操作系统,仿真实验软件使用 Matlab R2014a。地震数据重建效果的衡量指标采用峰值信噪比(Peak Signal to Noise Ratio,PSNR),如

$$\mathrm{PSNR} = 20 \cdot \lg \frac{\mathrm{MAX}}{\sqrt{\mathrm{MSE}}} \tag{3.13}$$

式中,MAX 表示原地震数据数据中的最大值,对于灰度图像的地震数据即 255;MSE 为原始地震数据与重建后地震数据的均方误差,定义为

$$\text{MSE} = \frac{1}{MN} \sum_{i=1}^{N} \sum_{j=1}^{M} (\boldsymbol{x}_{i,j} - \hat{\boldsymbol{x}}_{i,j})^2 \tag{3.14}$$

由式(3.13)可知,PSNR 值越大,表示与原地震数据的差异越小。

地震数据应用四种方法进行重建的 PSNR 值对比见表 3.1,从表中可以看出,DTCWT 重建结果的 PSNR 值比其他三种方案得到的结果有明显提高。

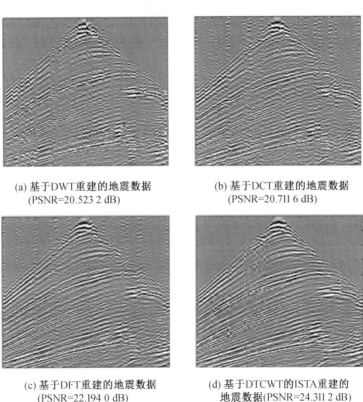

(a) 基于DWT重建的地震数据
(PSNR=20.523 2 dB)

(b) 基于DCT重建的地震数据
(PSNR=20.711 6 dB)

(c) 基于DFT重建的地震数据
(PSNR=22.194 0 dB)

(d) 基于DTCWT的ISTA重建的
地震数据(PSNR=24.311 2 dB)

图 3.7　采样率为 60% 时地震数据 A 的重建结果

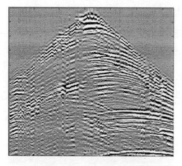

(a) 基于DWT重建的地震数据
(PSNR=21.163 2 dB)

(b) 基于DCT重建的地震数据
(PSNR=20.765 0 dB)

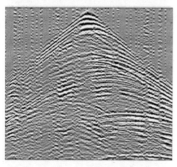

(c) 基于DFT重建的地震数据
(PSNR=21.675 8 dB)

(d) 基于DTCWT的ISTA重建的
地震数据(PSNR=23.128 5 dB)

图 3.8 采样率为 60% 时地震数据 B 的重建结果

表 3.1 地震数据应用四种方法进行重建的 PSNR 值对比　　单位:dB

方法	地震数据 A			地震数据 B		
	50%	60%	70%	50%	60%	70%
DWT	19.692 7	20.523 2	23.033 7	19.566 4	21.163 2	22.036 6
DCT	19.464 3	20.711 6	22.660 0	19.287 7	20.765 0	22.615 5
DFT	20.734 5	22.194 0	24.629 0	19.897 2	21.675 8	23.550 3
DTCWT	22.351 5	24.311 2	26.002 9	21.715 0	23.128 5	25.264 1

3.5　基于 DTCWT 的双阈值软迭代地震数据重建

从上一节的实验结果中可以看出,ISTA 算法对于缺失的地震数据可以实现一定程度的重建,但是对于局部细节的还原依然不够理想,且 ISTA 算法在迭代过程中只考虑当前层级的小波系数,并未考虑到不同层级的小波系数间的联系。本节的双阈值软迭代算法针对上述问题,实现了对重建过程的改进,通过实验可知,该算法能更加有效地重建地震数据。

3.5.1　贝叶斯理论

根据贝叶斯理论,可以将地震数据重建问题抽象为一个公式的推断:设某特定图像 Q,其所包含的关键模式或者特征为 F。若将 Q 看作随机分布的样本,而特征变量 F 唯一产生或者参数化这个随机分布,就可以用统计学领域的相关概念来描述这个过程。

在图像处理的领域内,贝叶斯方法起到了不可或缺的作用。先验模型 $P(F=f)$ 和数据模型 $P(Q=q \mid F=f)$ 是一般的贝叶斯推断模型中的两个重要组成部分,其中由于采样过程无法获得图像的完整信息,因此先验模型的构造一直以来都是基于贝叶斯理论图像处理的研究热点。

贝叶斯推断的原理是为了得到原假设的预报密度,根据样本信息并结合先验信息,利用贝叶斯定理来得到其后验分布。贝叶斯推断的基本模式如图 3.9 所示。

图 3.9　贝叶斯推断的基本模式

1.贝叶斯法则

贝叶斯法则属于统计学中的一种基本工具,在图像处理领域可以描述为根据特定图像的先验信息,给定各种数据在这个先验信息前提下被观察到的概率。

2.先验概率和后验概率

有特定假设 h、D,其初始概率都大于 0,且没有经过训练数据,则这个概

率可以表示为 $P(h)$、$P(D)$，即 h、D 的先验概率，其本质是提供了 h、D 正确性概率的先验知识，若这些候选假设没有这个初始概率，则对于所有候选假设都给予相同的先验概率。$P(D \mid h)$ 为以 h 为前提，D 发生的概率；$P(h \mid D)$ 为以 D 为前提，h 发生的概率，这个概率就是假设 h 的后验概率。

3. 贝叶斯公式

贝叶斯公式具体可以写成

$$P(h \mid D) = P(D \mid h) \times P(h) / P(D) \tag{3.15}$$

该式描述了利用 $P(h)$、$P(D)$ 与 $P(D \mid h)$ 来计算后验概率 $P(h \mid D)$ 的方法，$P(h)$ 和 $P(D \mid h)$ 两个概率增加，则 $P(h \mid D)$ 也增加。而 $P(h \mid D)$ 与 $P(D)$ 大小关系成负相关。也就是说，若 D 和 h 的相关性越小，则 D 独立于 h 时假设为真的概率就越大。

4. 最大似然估计

有时，需要设假定集合 H 的每个假设都有相等的先验概率，在最大似然估计（Maximum Likelihood Estimation, MLE）准则下，考虑 $P(D \mid h)$ 对公式进一步进行推导，有

$$h\_MLE = \text{argmax } P(D \mid h), \quad h \in H \tag{3.16}$$

式中，h_MLE 表示能让 $P(D \mid h)$ 最大的假设，称为最大似然假设。

先验假设是根据过往的经验知识得到的初始概率，可以进行适当的增加或减少，但不能完全接受或拒绝，否则会对贝叶斯推理结果有很大的影响。

5. 最大后验概率估计

最大后验概率估计（Maximum a Posteriori Estimation, MAP）是在候选假设集合 H 中找寻给定数据 D 时可能性最大的假设 h，确定 MAP 的方法是用贝叶斯公式计算每个候选假设的后验概率，其公式为（需要去掉不依赖于 h 的常量 $P(D)$）

$$h\_MAP = \text{argmax } P(h \mid D) = \text{argmax } (P(D \mid h) \times P(h)) \mid P(D)$$
$$= \text{argmax } P(D \mid h) \times P(h), \quad h \in H \tag{3.17}$$

3.5.2 双树复小波变换域的双阈值软迭代算法

根据双树复小波变换中子基带与父基带的关系，利用压缩感知理论进行稀疏变换后，对同一层小波分解系数的相关性进行分析，将小波系数用一定的数学分布模型拟合，建立合适的统计模型，通过双阈值软迭代算法进行地震数据的重建。在仿真实验中，将得到的结果与收缩阈值迭代算法的重建结果进行对比。

用 a_1、a_2 表示对采样前完整地震数据进行稀疏变换得到的小波系数及其

父系数，u_1、u_2 表示有缺失道地震数据稀疏变换后的小波系数及其父系数，ε_1、ε_2 表示因道缺失而对地震数据造成的假频影响的小波变换系数及其父系数，则有

$$\hat{a} = \underset{a}{\arg\max}\ (p_{u|a}(u \mid a) \cdot p_a(a)) \tag{3.18}$$

双阈值法考虑的是当前系数与其父系数之间的关系，则有

$$u_2 = a_2 + \varepsilon_2 \tag{3.19}$$

上式可以改写为

$$u = a + \varepsilon \tag{3.20}$$

式中，u 是已知的。对 a 进行最大后验概率估计，得出 a 的估计值 $\hat{a}$，即

$$\hat{a} = \underset{a}{\arg\max}\ (p_{u|a}(u \mid a) \cdot p_a(a)) \tag{3.21}$$

根据条件概率公式进行推导，式（3.21）可变为

$$\begin{aligned}\hat{a} &= \underset{a}{\arg\max}\ (p_{u|a}(u \mid a) \cdot p_a(a)) \\ &= \underset{a}{\arg\max}\ (p_\varepsilon(u - a) \cdot p_a(a))\end{aligned} \tag{3.22}$$

在迭代重建过程中，注意到地震数据的道缺失具有随机性，则设道缺失对于双树复小波变换后地震数据的影响为 ε，此处设 ε 服从均值为 0、方差为 σ^2 的高斯随机分布，即

$$P_\varepsilon(\varepsilon) = \frac{1}{2\pi\sigma_\varepsilon^2}\mathrm{e}^{-\frac{\varepsilon_1^2+\varepsilon_2^2}{2\sigma_\varepsilon^2}} \tag{3.23}$$

设原地震数据在同一方向的小波系数与其父系数的双变量联合概率密度函数为

$$p_a(a) = \frac{3}{2\pi\sigma^2}\mathrm{e}^{-\frac{\sqrt{3}}{\sigma}\sqrt{a_1^2+a_2^2}} \tag{3.24}$$

式中，a 是待定参数；σ^2 表示被估计信号小波系数的方差。

将上述式子代入，通过计算得到当前系数 a_1 的 MAP 估计，即

$$\hat{a}_1 = \frac{\left(\sqrt{u_1^2 + u_2^2} - \dfrac{\sqrt{3}\sigma_\varepsilon}{\sigma}\right)_+}{\sqrt{u_1^2 + u_2^2}} \cdot u_1 \tag{3.25}$$

在上述过程的数学推断中，只有将模型中的未知参数与被估计数据的方差作为已知参数使用，才能估计当前分解层的小波系数。在地震数据重建中，需要对道缺失造成的假频干扰方差进行估计。由于道缺失对于原始地震数据造成的影响主要集中在高频子带，且在各个高频子带中不尽相同且无法准确估计，因此可以利用小波系数来进行中值估计，即

$$\hat{\sigma}_\varepsilon^2 = \frac{\mathrm{median}(\mid u_i \mid)}{0.674\,5} \tag{3.26}$$

式中，u_i 表示第 i 个高频子带的双树复小波分解系数。

假设假频小波系数方差 σ_ε^2、被估计小波系数方差 σ^2 和道缺失的地震数据小波变换系数的方差 σ_y^2 之间存在关系

$$\sigma_y^2 = \sigma_\varepsilon^2 + \sigma^2 \tag{3.27}$$

对于方差 $\hat{\sigma}_y^2$ 的估计值计算公式为

$$\hat{\sigma}_y^2 = \frac{1}{N} \sum_{y_i \in U} y_i^2 \tag{3.28}$$

式中，N 是邻域 U 的大小。利用上式可以得到 σ^2 的估计值，即

$$\hat{\sigma}^2 = \max(\hat{\sigma}_y^2 - \hat{\sigma}_\varepsilon^2) \tag{3.29}$$

双阈值软迭代插值重建由以下几个步骤组成。

(1)对欠采样地震数据进行 DTCWT 操作。即利用正交小波变换的快速算法获得各个尺度下的分解系数，其中小波系数与分解系数个数的和为 N。

(2)对 DTCWT 域的信号进行双阈值操作。此处利用不同频率间子带与父带的相关性，使用上述的双阈值算法进行重建，对分解过程中的低频系数不做处理。收缩阈值迭代算法可以保留更多的信号特征，其缺点是对于图像的局部细节重建结果的精确度不够。为此，这里使用双阈值收缩法。

(3)进行逆向 DTCWT。对于稀疏域上各个尺度的小波系数进行上一步的阈值处理后，使用对应的滤波器进行逆变换，提取欠采样的地震道，用插值法与欠采样地震数据插值重建，得到单次的插值重建结果。

(4)将上一步得到的阶段性重建结果作为欠采样地震数据部分的输入，从头开始循环进行插值重建，直到达到迭代次数上限为止。

本算法使用 6 层分解的 DTCWT，需要逐层处理高频分解系数，每次插值对每层小波系数都进行双阈值处理，则整体的算法复杂度为 $O(N)$。

3.5.3 仿真实验及分析

为验证算法的性能，对采样地震数据进行上一节 ISTA 算法与本节双阈值软迭代插值重建算法重建效果对比，图 3.10～3.12 所示为采样率为 60% 的地震数据的重建结果，整个过程经过 200 次迭代。地震数据应用双阈值软迭代算法重建后的 PSNR 值对比见表 3.2。

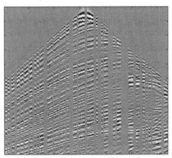 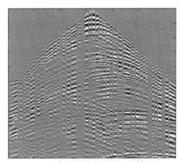

(a) 随机道缺失的地震数据A　　　　(b) 随机道缺失的地震数据B
(PSNR=20.789 4 dB)　　　　　　　(PSNR=20.544 6 dB)

图 3.10　采样后的地震数据(采样率为 60%)

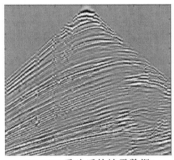 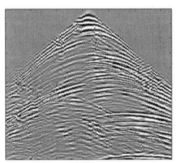

(a) ISTA重建后的地震数据A　　　　(b) ISTA重建后的地震数据B
(PSNR=24.311 2 dB)　　　　　　　(PSNR=23.128 5 dB)

图 3.11　ISTA 算法重建的地震数据

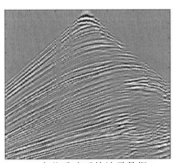 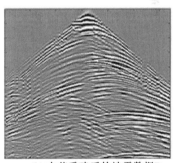

(a) 本节重建后的地震数据A　　　　(b) 本节重建后的地震数据B
(PSNR=25.690 3 dB)　　　　　　　(PSNR=24.232 5 dB)

图 3.12　使用双阈值软迭代算法重建的地震数据

表 3.2　地震数据应用双阈值软迭代算法重建后的 PSNR 值对比　单位:dB

方法	地震数据 A			地震数据 B		
	50%	60%	70%	50%	60%	70%
道缺失地震数据	19.941 5	20.789 4	22.601 3	19.470 9	20.544 6	21.623 3
ISTA 重建算法	22.351 5	24.311 2	26.002 9	21.715 0	23.128 5	25.264 1
本节重建算法	23.854 2	25.690 3	28.014 4	22.609 5	24.232 5	26.453 2

由上述结果可知,本节算法相对于收缩阈值迭代算法更为优秀,PSNR 提升 1.01~1.5,相对于欠采样的地震数据 PSNR 提升 3~5。且从上述结果图中可以较为直接地看出,本算法在地震数据重建中能够更好地还原地震数据的纹理与细节。需要指出的是,由于使用的是双树复小波变换,因此相对传统离散小波变换,其滤波器的构造更为复杂,且双阈值软迭代每次迭代都需要与当前子层的父层一起进行迭代运算,需要更多的运算时间。

3.6　本章小结

本章在压缩感知理论框架内对地震数据在双树复小波变换域上进行重建研究,介绍了传统小波、离散小波的原理,对传统小波信号重建过程进行了分析,详细阐述了双树复小波变换的原理、双树复小波各层级分解与地震数据之间的关系及 ISTA 算法,并进行了对比实验。实验表明,相对于传统的稀疏变换,双树复小波变换能够更好地进行稀疏表示,更有利于后续的重建工作。本章还简要地介绍了图像处理统计建模所需的贝叶斯理论,指出了传统的 ISTA 算法没有利用小波系数相邻层之间的统计特性,并提出了改进策略,即利用多分辨率的高斯模型对 DTCWT 系数进行建模,提出了双阈值软迭代数学模型,并应用到重建算法中,根据改进策略设计了双阈值算法的数学模型,并给出了算法的详细步骤,最终通过对比重建的地震数据说明了双阈值软迭代能更好地提高地震数据的重建精度。

第4章　基于 Curvelet 的收缩阈值迭代地震数据重建

小波变换一直是人们在图像上常用的变换,但是对于二维图像和多维图像,小波变换会存在一些问题,如对图像的边缘信息表达能力不够等。为弥补这个缺点,学者们都在致力于研究更好的数学表达方式。经过研究发现,曲线波变换(Curvelet)比小波变换更适合地震图像,因为 Curvelet 变换不仅具有多尺度分解特性,而且具有方向性、带通性、多分辨性等。此外,相比于小波变换,Curvelet 变换能够更有效地表示图像边缘,对恢复图像边缘结构具有特有的优势。另外,压缩感知理论突破了传统奈奎斯特采样定理的极限,当图像在某个变换域稀疏时,能够利用观测矩阵投影图像进行降维,从而简化优化问题求解。

目前国内外成熟的基于压缩感知的地震图像重建算法中通常使用离散余弦变换、离散小波变换和离散傅里叶变换作为稀疏基,但是以上几种作为稀疏基时不能够完全识别出图像的边缘和细节信息。对于地震图像来说,边缘和细节信息却很重要,Curvelet 变换作为稀疏基能提高地震图像重建的信噪比和保真度。本章基于 Curvelet 变换对地震图像压缩感知重建算法进行研究,说明基于 Curvelet 稀疏表示的地震图像各尺度之间能量及熵的分布特性,设计随信息熵变化的自适应阈值迭代重建方法。

4.1　Curvelet 变换原理及其特点

4.1.1　连续 Curvelet 变换

连续 Curvelet 变换用信号与基函数的内积形式来实现信号的稀疏表达,即

$$c(j,l,k) = \langle f, \varphi_{j,l,k} \rangle \tag{4.1}$$

式中,$\varphi_{j,l,k}$ 代表 Curvelet 函数,其下标 j 是尺度参量,l 是方向参量,k 是位置参量;c 是得到的经过 Curvelet 变换的系数。在现实使用中,Curvelet 变换大

多在频率域进行，φ 表示频域，U 表示窗函数。

定义一对窗函数：径向窗函数 $W(r)(r \in (1/2,2))$ 和角度窗函数 $V(t)(t \in (-1,1))$。这两个窗函数是平滑的、非负的实值且需满足以下容许性条件，即

$$\sum_{j=-\infty}^{+\infty} W^2(2^j r) = 1, \quad r \in (3/4, 3/2) \tag{4.2}$$

$$\sum_{j=-\infty}^{+\infty} V^2(t-l) = 1, \quad r \in (-1/2, 1/2) \tag{4.3}$$

对于任意 $j \geqslant j_0$，定义窗函数 U 为

$$U_j(r,\theta) = 2^{-3/4} W(2^{-3j/4}) V\left(\frac{2^{\lfloor j/2 \rfloor} \theta}{2\pi}\right) \tag{4.4}$$

式中，$\lfloor j/2 \rfloor$ 是 $j/2$ 的整数部分，W 和 V 区间限定的楔形区域组成了 U_j 的支撑区间。连续 Curvelet 变换在频率和时间域的显示如图 4.1 所示，黑色部分是支撑区间，它有各向异性尺度特性。

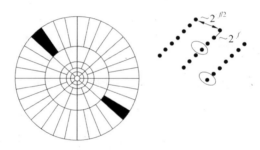

图 4.1　连续 Curvelet 变换在频率和时间域的显示

令 $\hat{\varphi}_j(\omega) = U_j(\omega)$，Curvelet 函数 φ_j 在频率域的表示为 $\hat{\varphi}_j(\omega)$。因为 φ_j 尺度为 j，所以能够利用 φ_j 的平移和旋转操作得到相同尺度下不同位置和方向上的 Curvelet 函数。均匀旋转角度序列为 $\theta_l = 2\pi \cdot 2^{\lfloor -j/2 \rfloor} \cdot l (l = 0, 1, \cdots; 0 \leqslant \theta_l \leqslant 2\pi)$。平移参数为 $k = (k_1, k_2) \in \mathbf{Z}, \tilde{U}_{j,l}(\omega) := \psi_j(\omega_1) V_j(S_{\theta_l}\omega) = \tilde{U}_j(S_{\theta_l}\omega)$。Curvelet 函数在尺度为 2^{-j}、方向为 θ_l、位置为 (k_1, k_2) 时表示为

$$\varphi_{j,l,k}(x) = \varphi_j(R_{\theta_l}(x - x_k^{j,l})) \tag{4.5}$$

式中，$x_k^{j,l} = R_{\theta_l}^{-1}(k_1 \cdot 2^{-j}, k_2 \cdot 2^{-j/2})$；$R_{\theta_l}$ 表示旋转 θ_l 弧度。$R_{\theta_l}^{-1}$ 是 R_{θ_l} 的转置，也是它的逆，其稀疏可以用内积来表示，即

$$c(j,l,k) := \langle f, \varphi_{j,l,k} \rangle = \int_{R^2} f(x) \overline{\varphi_{j,l,k}(x)} \mathrm{d}x \tag{4.6}$$

基于帕塞瓦尔（Plancherel）定理理论，由上式可推知

$$c(j, l, k) := \int \hat{f}(\omega) \overline{\varphi_{j,l,k}(\omega)} \mathrm{d}\omega = \frac{1}{2\pi} \int \hat{f}(\omega) U_j(R_{\theta_l}\omega) \mathrm{e}^{\mathrm{j}(x_k^{(j,l)}, \omega)} \mathrm{d}\omega \qquad (4.7)$$

4.1.2　离散 Curvelet 变换

在笛卡儿坐标系下的离散 Curvelet 变换表示为

$$C^D(j, l, k) := \sum_{0 \leqslant t_1, t_2 < n} f[t_1, t_2] \overline{\varphi_{j,l,k}^D[t_1, t_2]} \qquad (4.8)$$

采用一带通函数 $\Psi(\omega_1) = \sqrt{\varphi(\omega_1/2)^2 - \varphi(\omega)^2}$,定义

$$\Psi_j(\omega_1) = \Psi(2^{-j}\omega_1) \qquad (4.9)$$

可利用式(4.9)完成多尺度分割,对于任意 $\omega = (\omega_1, \omega_2), \omega_1 > 0$,有

$$V_j(\boldsymbol{S}_{\theta l}\omega) = V(2^{\lfloor j/2 \rfloor}\omega_2/\omega_1 - l) \qquad (4.10)$$

式中,$\boldsymbol{S}_{\theta l}$ 为剪切矩阵,$\boldsymbol{S}_{\theta l} = \begin{pmatrix} 1 & 0 \\ -\tan\theta_l & 1 \end{pmatrix}$;$\theta_l$ 为非等间距。定义笛卡儿窗为

$$\widetilde{U}_j(\omega) := \Psi_j(\omega_1)V_j(\omega) \qquad (4.11)$$

针对每一个 $\theta_l \in [-\pi/4, \pi/4]$,可以得到

$$\widetilde{U}_{j,l}(\omega) := \Psi_j(\omega_1)V_j(\boldsymbol{S}_{\theta l}\omega) = \widetilde{U}_j(\boldsymbol{S}_{\theta l}\omega) \qquad (4.12)$$

在笛卡儿坐标系中,离散 Curvelet 变换使用同心的区域替换连续 Curvelet 变换中的环形区域,从而完成尺度的划分,然后再进行角度的划分。经过角度划分后将产生多个楔形窗,每个楔形窗可表示频率域内不同尺度。因此,可将不同方向上的 Curvelet 先进行二维傅里叶变换,再进行反傅里叶变换,从而可得到不同角度和尺度上的 Curvelet 系数。

4.1.3　Curvelet 变换的性质

(1)紧框架性。Curvelet 变换可以与任意的二元函数 $f(x_1, x_2) \in L^2(R^2)$ 通过标准正交基分解,也可以用一系列 Curvelet 函数的加权和的方式来表示。在 L^2 的意义下,它的重建公式为

$$B = \sum_{j,l,k} \langle f, \varphi_{j,l,k} \rangle \varphi_{j,l,k} \qquad (4.13)$$

并且满足 Parseval 关系,即

$$\sum_{j,l,k} |\langle f, \varphi_{j,l,k} \rangle|^2 = \| f \|^2_{L^2(R^2)} \qquad (4.14)$$

(2)各向异性。Curvelet 变换具有方向性,Curvelet 基函数是二阶可微分段平滑曲线边缘的最优基。在频率域中,Curvelet 在 $2^{-j} \times 2^{-j/2}$ 的楔形支撑区外快速衰减;在空间域中,在尺度为 2^{-j} 的条件下,它的长度为 $2^{-j/2}$,宽度为

2^{-j}。下面的式子恒成立,即

$$width \approx length^2 \tag{4.15}$$

(3) 局部性。在空间域中,Curvelet 变换具有局部性,因为其在长轴和垂直方向为 $2^{-j} \times 2^{-j/2}$ 的矩形外快速衰减;在频率域中,Curvelet 变换也具有局部性,因为其支撑集为楔形。

(4) 振荡性质。在频率域 $\hat{\varphi}_j$ 条件下,因为 Curvelet 的支撑区间更加逼近横坐标轴而远离纵坐标轴,所以在范围 $\hat{f}[n_1,n_2]$,$-n/2 \leqslant n_1, n_2 \leqslant n/2$ 下沿纵坐标方向振荡(横坐标则低通光滑)。

4.2 快速离散 Curvelet 变换的实现方法

4.2.1 USFFT 算法

基于非均匀空间抽样的二维快速傅里叶变换算法得到快速 Curvelet 变换的实现方法如下。

(1) 对于给定的笛卡儿坐标,首先将二维函数进行二维离散傅里叶变换,得到其频域表示为

$$\hat{f}[n_1, n_2], \quad -n/2 \leqslant n_1, n_2 \leqslant n/2 \tag{4.16}$$

(2) 频域内角度和尺度表示为 (j,l),它的重采样通常用 $\hat{f}[n_1, n_2]$ 表示,即

$$\hat{f}[n_1, n_2 - n_1 \tan \theta_1], \quad (n_1, n_2) \in P_j \tag{4.17}$$

$L_{1,j}$ 为 2^j 分量,$L_{2,j}$ 为 $2^{j/2}$ 分量,分别表示窗函数 $U_j[n_1, n_2]$ 支撑区间长和宽的分量。

(3) 内插后的 $\hat{f}$ 乘以特定的窗函数 $\tilde{U}_j$,得到

$$\hat{f}[n_1, n_2] = \hat{f}[n_1, n_2 - n_1 \tan \theta_1] \tilde{U}_j[n_1, n_2] \tag{4.18}$$

(4) 最后对 $\hat{f}_{j,l}$ 进行二维傅里叶逆变换,得到系数的全部集合 $c^D(j, l, k)$。

4.2.2 Wrap 算法

Wrap 算法的基本思想是围绕原点 Wrap 并将任何区域的点通过周期化技术映射到原点的仿射区域。Wrap 算法是在 USFFT 方法的基础上添加 Wrap 步骤,其主要步骤如下。

（1）对于给定的笛卡儿坐标，首先将二维函数进行二维离散傅里叶变换，得到其频域表示，如式（4.16）所示。

（2）对每一个角度和尺度(j,l)进行重采样$\hat{f}[n_1,n_2]$，得到相应的采样值如式（4.17）所示。

（3）内插后的$\hat{f}$乘以定义的窗函数$\tilde{U}_j$，如式（4.18）所示。

（4）进行局部化$\hat{f}[n_1,n_2]$，注意要围绕原点 Wrap。

（5）使$\hat{f}_{j,l}$采取二维傅里叶逆变换，最终得到离散的 Curvelet 系数集合$c^D(j,l,k)$。

比较 USFFT 和 Wrap 算法可知，Wrap 算法的运算速度更快。接下来用一个 512×512 的图片解释 Curvelet 变换的角度、尺度划分过程。尺度划分是指将二维离散傅里叶平面分割成同心矩形的图形，每一个矩形环代表一个尺度；角度划分是指将多个尺度层分解为多个角度数，生成多个楔形窗，如将第三尺度分割成 32 个角度数，生成 32 个楔形窗。离散 Curvelet 变换的尺度和角度划分如图 4.2 所示，其中阴影的楔形区域是第四尺度层上第一个角度上的 Curvelet。

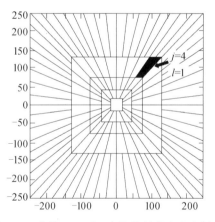

图 4.2　离散 Curvelet 变换的尺度和角度划分

经过变化后可得$C\{j\}\{l\}(k_1,k_2)$结构系数。其中，j为尺度l的表示方向；(k_1,k_2)代表尺度l上的矩阵坐标，表示空间位置信息。Curvelet 变换的尺度按照频率由低到高划分为最内层、中间层和最外层。其中，最内层为粗尺度层，其系数为低频系数，能够包含图像概貌；中间层为细尺度层，其系数为中高频系数，能够包含图像多方向性的边缘特征；最外层为精细尺度层，其系数为高频系数，能够包含图像细节和边缘特征。

4.3　Curvelet 变换与地震图像

地震剖面图像中的同相轴和波前都体现出各向异性的线状特征,与二维图像中纹理和边缘的特性一致。其中,波前的特征为垂直方向振荡且波前方向光滑。因为同相轴方向上某些尺度的 Curvelet 系数较大且垂直同相轴方向系数趋于 0,所以 Curvelet 变换能够以较快的速度获取图像的边缘和纹理信息。在地震剖面图像的某些区域内,通过角度和尺度上的 Curvelet 完成加权叠加能较好地识别地震波前和同相轴,Curvelet 与地震波同相轴如图 4.3 所示。

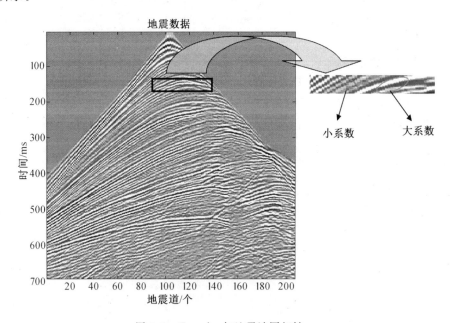

图 4.3　Curvelet 与地震波同相轴

在地球物理理论中,Curvelet 能对局部的地震同相轴做最优的稀疏表达,并且能有效用于波前保留地震处理及捕捉地震图像细节特征。图 4.4(a) 所示为选取的地震图像,有 128 个地震道,在 Curvelet 域中分解为 5 个尺度层,其中第二尺度层划分为 16 个方向,从而得到图 4.4(b) 所示的 Curvelet 系数能量分布图。Curvelet 系数幅值是衰减的,即 Curvelet 变换系数模值是按降序排列的。因为实际地震信号的 Curvelet 系数呈现快速衰减趋势且其主要能量集中于少数较大系数中,所以 Curvelet 变换能够实现地震信号的稀疏表达。

(a) 选取的地震图像　　　　　(b) Curvelet 系数能量分布图

图 4.4　实际单炮地震记录及其 Curvelet 系数分布

4.4　Curvelet 变换系数分析

选择二维地震图像,如图 4.5 所示。该图像是采集得到的原始地震图像,其中横向是地震道轴,纵向是时间轴,截取 1 ~ 128 个地震道。Curvelet 变换的尺度是 6 级,变换后得到各级尺度的系数,不同尺度的能量及熵的分布见表 4.1。

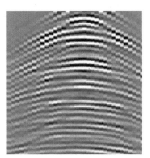

图 4.5　二维地震图像

表 4.1　不同尺度的能量及熵的分布

尺度级	能量百分比 /%	熵 /bit
1	0.994 1	0.023 2
2	0.000 1	0.540 3
3	0.000 6	4.120 6
4	0.003 8	5.777 2
5	0.001 3	5.893 6
6	0.000 1	4.147 7

由表 4.1 可知,第 1 级尺度的系数数量占总系数数量的 18%,能量约占总能量的 99%;第 2 级到第 6 级的尺度里有能量极少的中高频系数,并且最高的 3 级的尺度能量是逐级递减的态势。因此,Curvelet 变换对地震图像有较好的稀疏表示能力。熵表示图像中包含的信息量或纹理复杂度,第 1 级尺度包含地震图像的低频信息,对应的熵很小;第 2 级至第 5 级尺度包含地震图像的中高频信息,熵是逐层递增的;第 6 级包含的细节信息有所降低。为更好地保持重建的地震图像的纹理区域,可以根据 Curvelet 变换各尺度能量与熵的分布,设计出自适应阈值收缩模型。

4.5　地震图像的随机采样及改进

传统的采样定理指出,当采用规则采样时,如果采样频率低于信号的奈奎斯特频率,就会出现频率混淆现象;如果采取不规则方式进行采样,使未被采集部分互不相干,就有可能降低假频的幅度,从而更容易将其滤除。

高斯随机采样是常用的采样方法,具有代表性。它是离散的均匀随机采样,其采样点随机分布,图像中的所有点被选择的机率是相同的。但是对于地震图像的道缺失,高斯随机采样不能控制道间距,采样后会使大量连续的地震道缺失,从而导致重要信息丢失,最终无法实现较为完整的重建。

本书根据地震图像特点对采样方式进行适当的改进。与单纯的随机采样相比,改进后的采样方式可以控制采样间隔,更适合地震图像重建。其具体步骤如下。

(1) 将地震图像区域划分为多个子区域,实验中的地震图像共有 128 个地震道,要求第一个随机数在前 10 道产生,接下来的采样点在此基础上间隔 5～10 道,即将其大致分成 10 个子区域。

(2) 在每个子区域内强制随机地采样一个点,这样相邻的缺失地震道的间隔能被控制。此方法在传统采样的基础上使采样点在一定范围内具有一定的随机性。

4.6　基于 Curvelet 收缩阈值的地震数据重建算法

在图像的压缩感知应用中,常常求解基追踪,但基追踪算法的计算较复杂。一些学者先后提出了匹配追踪、梯度投影、正交匹配追踪等算法,它们均降低了计算复杂度,但是重建后的图像质量会变差。Sendur 和 Selesnick 利用小波变换的各级尺度的相关性和双变量收缩阈值,提出了如下新的迭代模

型,即

$$\text{Threshold}(\xi,\lambda)=\frac{\left(\sqrt{\zeta^2+\xi_p^2}-\lambda\,\dfrac{\sqrt{3}\,\sigma^{(i)}}{\delta_\xi}\right)}{\sqrt{\xi^2+\xi_p^2}}\cdot\xi \tag{4.19}$$

如果$(g)>0$,则$(g)_+=g$,否则$(g)_+=0$。$\sigma^{(i)}=\dfrac{\text{median}(\mid x^{(i)}\mid)}{0.6745}$,$\sigma^{(i)}$代表

Curvelet 变换中尺度最精细的系数约值;median 代表取均值的操作符;$x^{(i)}$代表在该模型下第 i 次迭代后产生的最高尺度的 Curvelet 变换系数;λ 代表阈值;ξ 代表此时的尺度系数;ξ_p 代表父级尺度的系数;δ_ξ 代表窗口预测的差值,这个窗口是此时子带中以 ξ 为中心的窗口。

该迭代模型的 λ 值是固定的,它不能根据变换域各个尺度之间的细节分布特点不同而变化。地震图像在 Curvelet 域中从低到高各尺度的能量是逐渐减少的,熵是逐渐增加的,信息也是逐渐增加的。本书结合信息熵与 Curvelet 变换的各尺度的能量,提出自适应收缩阈值迭代模型,在这个模型里,Curvelet 变换尺度和 λ 值随着迭代次数的增加而增大,增大的幅度与相邻两个尺度之间的熵值正相关。该模型能够充分保留地震图像各级尺度的内部详细信息,并能够实现地震图像的良好重建。模型为

$$\lambda=\lambda+\eta\sqrt{\text{Enp}(\xi_{(j,l)})/\text{Enp}(\xi_{(j,l\ p)})}j,\quad j=2,3,\cdots,n \tag{4.20}$$

式中,η 为收敛控制因子;$\xi_{(j,l)}$ 表示尺度为 j、方向为 l 的 Curvelet 子带;$\text{Enp}(\xi_{(j,l)})$ 表示子带 $\xi_{(j,l)}$ 的熵;n 为 Curvelet 分解最大尺度数目。自适应双变量收缩阈值的重建迭代公式为

$$\hat{x}^{(k+1)}=x^{(k)}+\frac{1}{\gamma}C\Phi^{\text{T}}(y-\Phi C^{\text{T}}x^{(k)}) \tag{4.21}$$

$$T(x^{(k+1)})=\begin{cases}\hat{x}^{(k+1)}, & \mid\hat{x}^{(k+1)}\mid\geqslant T(\xi,\lambda)\\ 0, & \text{其他}\end{cases} \tag{4.22}$$

式中,Φ 表示观测矩阵;Φ^{T} 表示 Φ 的转置;C^{T} 表示 Curvelet 的反变换;γ 表示比例因子;$\hat{x}^{(k)}$ 表示经过 k 次迭代后的生成值;T 表示阈值收缩算子。地震图像重建步骤如下。

(1)读取原始地震图像,给定采样率 Subrate、η 的初值、观测图像 f、迭代的停止参数 τ、随机矩阵 Φ、迭代计数器 k、初值为 0、阈值收缩算子 T、λ 的初值 λ_0。

(2)进行迭代更新,有

$$\hat{x}^{(k+1)}=x^{(k)}+\Phi^{\text{T}}(f-\Phi x^{(k)})$$

(3)进行 Curvelet 变换,有

$$\boldsymbol{D}^{(k+1)} = \boldsymbol{C}(\hat{\boldsymbol{x}}^{(k+1)})$$

（4）进行自适应阈值收缩处理，有

$$\boldsymbol{V}^{(k+1)} = T(\boldsymbol{D}^{(k+1)})$$

（5）进行 Curvelet 反变换，有

$$\boldsymbol{x}^{(k+1)} = \boldsymbol{C}^{\mathrm{T}}(\boldsymbol{V}^{(k+1)})$$

（6）判断 $\| \boldsymbol{x}^{(k+1)} - \boldsymbol{x}^{(k)} \|_2 > \tau$ 是否符合。如果是，则转到（2）；否则，输出二维地震图像重建估计值。

4.7　实验结果及分析

本章在压缩感知算法的基础上引入 Curvelet 变换作为稀疏基，实现地震图像的重建。实验中用到的测试图像是 512×512 的两幅地震图像，选择改进的随机采样方式进行采样，分别使用小波变换、DFT 变换和 Curvelet 变换作为稀疏基进行对比实验，所有实验都在 Matlab R2014a 环境下完成。$S = 0.25$ 时，三种稀疏基重建的地震图像 1 及其实验结果如图 4.6(a) ～ (d) 所示，重建的地震图像 2 及其实验结果如图 4.6(e) ～ (h) 所示，本章提出的算法重建的地震图像质量优于小波变换约 2.6 dB，优于 DFT 变换约 1.3 dB。

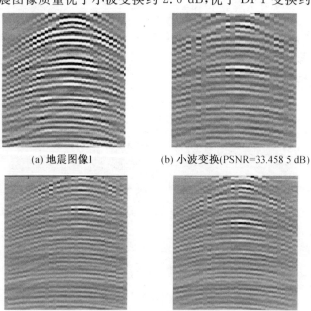

(a) 地震图像1　　　　　(b) 小波变换(PSNR=33.458 5 dB)

(c) DFT变换(PSNR=34.692 2 dB)　　(d) 本章算法(PSNR=36.083 2 dB)

图 4.6　$S = 0.25$ 时地震图像应用三种方法的重建效果图

(e) 地震图像2　　　　　　　(f) 小波变换(PSNR=28.090 6 dB)

(g) DFT变换(PSNR=29.223 6 dB)　　(h) 本章算法(PSNR=30.387 3 dB)

续图 4.6

　　地震图像应用三种方案压缩与重建的 PSNR 值见表 4.2。可以看出,使用本章算法实现地震图像的压缩与重建的 PSNR 值比使用其他两种方案提高了 1.1~2.8 dB。

表 4.2　地震图像应用三种方案压缩与重建的 PSNR 值　　　单位:dB

方法	地震图像 1			地震图像 2		
	15%	25%	35%	15%	25%	35%
小波变换	28.793 1	33.458 5	36.448 2	25.449 4	28.090 6	31.249 1
DFT 变换	30.006 2	34.692 2	37.807 7	26.599 4	29.223 6	33.419 3
本章算法	31.217 4	36.083 2	38.218 7	27.197 3	30.387 3	34.829 1

　　图 4.7 所示为应用三种方法的地震图像重建的性能比较结果,采样率为 15%~65%。由图可知本章算法的重建效果明显高于其他两种算法,从而验证了该算法的有效性与稳定性。

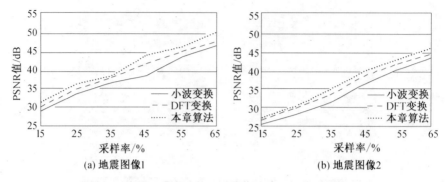

图 4.7　应用三种方法的地震图像重建的性能比较结果

4.8　本章小结

　　本章首先介绍了 Curvelet 变换原理及快速离散 Curvelet 变换实现方法，包括 USFFT 和 Wrap 算法，并详细介绍了 Wrap 算法的应用原理及 Curvelet 变换与地震图像的关系。在此基础上，对 Curvelet 变换的系数进行了分析，Curvelet 变换能够对地震图像进行多尺度分解，实现较好的稀疏表示。然后对地震图像的随机采样方式进行改进，把待处理的区域划分为若干子区域，此方法在传统采样的基础上使采样点在一定范围内具有一定的随机性。最后根据 Curvelet 变换和信息熵变化等特点，提出了自适应双变量收缩阈值迭代重建算法。结果表明，在同一采样率下，本章提出的算法能较好地保持地震图像的纹理细节信息，重建效果较好。

第5章 基于 Bregman 迭代算法的地震数据重建

Bregman 迭代算法主要应用在求解 l_1 范数最优化问题上，它也是 l_1 范数相关最优化问题的最有效求解方法之一，通过迭代正则化方法得到大量的无约束子问题。这类算法的迭代次数少，并且解决了部分约束性，在 5 次左右迭代即可以实现信号重建，速度很快。因此，Bregman 迭代算法被广泛应用在图像的重建中。本章首先引入与 Bregman 迭代算法相关的各类数学定义，然后分别对线性 Bregman 迭代算法与分裂 Bregman 迭代算法进行介绍，对比这几种算法的优缺点及特性，提出改进型的 Bregman 迭代算法，采用软阈值作为阈值算子 H，并提出基于 $H-$curve 准则的阈值参数选取方法，提高地震图像重建的准确性。在压缩感知理论框架下，结合 $k-$SVD 与分裂 Bregman 迭代，提出基于 $k-$SVD 字典训练的 Bregman 迭代地震数据重建算法，并对地震数据进行仿真模拟试验。其中，$k-$SVD 训练过程所需的联合数据样本使用上一章的双阈值软迭代处理地震数据。

5.1 Bregman 迭代相关定义

定义 5.1 设凸函数 $J(x):\mathbf{R}^n \rightarrow \mathbf{R}$，如果向量 $p \in \mathbf{R}^n$ 满足

$$J(u) \geqslant J(v) + \langle p, u-v \rangle \qquad (5.1)$$

则函数 $J(x)$ 在 v 处的次梯度为向量 p，所有在 v 处的次梯度的集合记为 $\partial J(v)$，并称为 $J(x)$ 在 v 处的次微分。其中，向量 $p \in \mathbf{R}^n$ 为次微分 $\partial J(v)$ 中的一个次梯度。

定义 5.2 设 J 为凸函数，则 $u, v \in \mathbf{R}^n$。u 和 v 关于 J 的 Bregman 距离可定义为

$$D_J^p(u,v) = J(u) - J(v) - \langle p, u-v \rangle \qquad (5.2)$$

式中，向量 $p \in \partial J(v)$ 为 J 在 v 处的次梯度。注意，$D_J^p(u,v)$ 并不是一般意义上的距离，因为 $D_J^p(u,v) \neq D_J^p(v,u)$，但 $D_J^p(u,v) \geqslant 0$ 且 $D_J^p(u,v) \geqslant D_J^p(w,v)$ 对位于 u、v 线段上任意的点 w 都成立，可知这个定义可以用于描述 u、v 之间

的距离。

定义 5.3　　设存在矩阵 $\boldsymbol{A} \in \mathbf{R}^{n \times m}$ 和矩阵 $\boldsymbol{B} \in \mathbf{R}^{n \times m}$，如果二者满足关系（又称 Moore$-$Penrose(M$-$P) 条件）：

$$\begin{cases} \boldsymbol{ABA} = \boldsymbol{A} \\ \boldsymbol{BAB} = \boldsymbol{B} \\ (\boldsymbol{AB})^{\mathrm{T}} = \boldsymbol{AB} \\ (\boldsymbol{BA})^{\mathrm{T}} = \boldsymbol{BA} \end{cases} \tag{5.3}$$

就可以说 $\boldsymbol{A}$ 的 M$-$P 广义逆为 $\boldsymbol{B}$，一般记为 $\boldsymbol{A}^{+}$，简称 M$-$P 广义逆。

定义矩阵 $\boldsymbol{A}$ 的 $\{1,3\}$—逆：在矩阵集合 $\boldsymbol{B} \in \mathbf{R}^{n \times m}$ 中，有子集满足上述关系即式(5.3)的第一和第三个式子，统一表示为 $\boldsymbol{A}^{\{1,3\}}$。

定义 5.4　　如果矩阵 $\boldsymbol{a} \in \mathbf{R}^{n}$ 和矩阵 $\boldsymbol{p} \in \mathbf{R}^{n \times n}$ 是对称半正定的，则可定义如下加权半范数，即

$$\| \boldsymbol{a} \|_{p} = \sqrt{\boldsymbol{a}^{\mathrm{T}} \boldsymbol{p} \boldsymbol{a}} \tag{5.4}$$

加权半范数一般具有以下特性：

(1) $\| \boldsymbol{a} \|_{p} \geqslant 0$；

(2) $\| \lambda \boldsymbol{a} \|_{p} = | \lambda | \| \boldsymbol{a} \|_{p}$；

(3) $\| \boldsymbol{a} + \boldsymbol{b} \|_{p} \leqslant \| \boldsymbol{a} \|_{p} + \| \boldsymbol{b} \|_{p}$。

定理 5.1　　设 $\boldsymbol{A} \in \mathbf{R}^{m \times n}, \boldsymbol{u} \in \mathbf{R}^{n}, \boldsymbol{g} \in \mathbf{R}^{m}$，若要求 $\min(\| \boldsymbol{Au} - \boldsymbol{g} \|)$，则需要满足条件 $\boldsymbol{u} = \boldsymbol{A}^{(1,3)} \boldsymbol{g}$。而在公式 $\boldsymbol{Au} = \boldsymbol{g}$ 中，当且仅当 $\boldsymbol{Au} = \boldsymbol{AA}^{(1,3)} \boldsymbol{g}$ 时，向量 $\boldsymbol{u}$ 是一个最小二乘解。

综上，可以得到描述 $\boldsymbol{u}$ 的公式为

$$\boldsymbol{u} = \boldsymbol{A}^{(1,3)} \boldsymbol{g} + (\boldsymbol{I}_{n} - \boldsymbol{A}^{(1,3)} \boldsymbol{A}) \boldsymbol{z}, \quad \forall \boldsymbol{z} \in \mathbf{R}^{n} \tag{5.5}$$

特别地，可以选择 $\boldsymbol{A}^{+}$ 作为某一个 $\boldsymbol{A}^{(1,3)}$。

对于 $\boldsymbol{u} = \underset{\boldsymbol{u} \in \mathbf{R}^{n}}{\arg\min} \| \boldsymbol{Au} - \boldsymbol{g} \|^{2}$，其通解可表示为

$$\boldsymbol{u} = \boldsymbol{A}^{+} \boldsymbol{g} + (\boldsymbol{I}_{n} - \boldsymbol{A}^{+} \boldsymbol{A}) \boldsymbol{z}, \quad \forall \boldsymbol{z} \in \mathbf{R}^{n} \tag{5.6}$$

上式等价于

$$\boldsymbol{A}^{+} \boldsymbol{Au} = \boldsymbol{A}^{+} \boldsymbol{g} \tag{5.7}$$

为满足图像处理领域平滑去噪的需求，Osher 等将 Bregman 散度的概念引入到迭代正则化过程中，这种方法称为 Bregman 迭代。此方法在图像处理、信号分析、稀疏分解等诸多领域都取得了较好的效果，近年来一直是各学科研究的热点。设 $\boldsymbol{u}$ 为一不确定灰度图像，其全变分(Total Variation, TV)定义为

$$J(\boldsymbol{u}) := \mathrm{TV}(\boldsymbol{u}) = \int | \nabla \boldsymbol{u} | \tag{5.8}$$

式中,∇表示梯度算子。则全变分 ROF(Rudin－Osher Fatemi)模型为

$$\min_{\boldsymbol{u}} J(\boldsymbol{u}) + \frac{1}{2\mu} \parallel \boldsymbol{u} - \boldsymbol{g} \parallel^2 \qquad (5.9)$$

式中,$\boldsymbol{g}$ 表示稀疏采样后的图像;$\boldsymbol{u}$ 表示完整的图像;μ 为正则化参数。

Osher 等引入了 Bregman 距离,提出了如下迭代模型,即

$$\boldsymbol{u}^{k+1} \leftarrow \min_{\boldsymbol{u}} D_J^{p^k}(\boldsymbol{u}, \boldsymbol{u}^k) + \frac{1}{2\mu} \parallel \boldsymbol{u} - \boldsymbol{f} \parallel^2, \quad k = 0, 1, 2, \cdots; \boldsymbol{u}^0 = \boldsymbol{p}^0 = 0$$

$$(5.10)$$

Bregman 算法在正则化手段方面与 ROF 模型存在着很大的不同:Bregman算法通过迭代来实现极小化$\boldsymbol{u}$与$\boldsymbol{u}^k$之间的Bregman距离,而ROF模型的正则化手段是极小化$J(\boldsymbol{u})$。由凸优化理论可知,上一步迭代的结果$\boldsymbol{p}^k$可以确定唯一的$\boldsymbol{p}$。因为$J(\boldsymbol{u})$的次微分$\partial J(x)$有很多次梯度的存在,可知$J(\boldsymbol{u})$并不是可微的,迭代过程中有不止一个可以选择的梯度。在第k步迭代中,设$\boldsymbol{u}^{k+1}$是本次迭代的最优解,则$0 \in \partial J(\boldsymbol{u}^{k+1}) - \boldsymbol{p}^k + \boldsymbol{u}^{k+1} - \boldsymbol{f}$,因此可以取$\boldsymbol{p}^{k+1} = \boldsymbol{p}^k + \boldsymbol{f} - \boldsymbol{u}^{k+1} \in \partial J(\boldsymbol{u}^{k+1})$。此外,Osher等还证明了由Bregman迭代正则化生成的序列$\{\boldsymbol{u}^k\}$:

(1)$\parallel \bar{\boldsymbol{u}} - \boldsymbol{f} \parallel$ 单调收敛于 0;

(2)当 $\parallel \boldsymbol{u}^k - \boldsymbol{f} \parallel \geqslant \parallel \bar{\boldsymbol{u}} - \boldsymbol{f} \parallel$ 时,$\boldsymbol{u}^k$ 按 Bregman 距离 $D_J^{p^k}(\bar{\boldsymbol{u}}, \boldsymbol{u}^k)$ 单调逼近完整图像 $\bar{\boldsymbol{u}}$。

其中,σ 为干扰假频水平的估计。上述结论(2)相对于 Bregman 迭代算法的契合度更高,可以将其定为迭代的收敛条件。Osher 等通过数值仿真验证了 Bregman 迭代在图像处理领域的应用价值。对于求解$\min_{\boldsymbol{u}} J(\boldsymbol{u}) + \lambda H(\boldsymbol{u})$,其中 $H(\boldsymbol{u})$ 为可微的凸函数,$J(\boldsymbol{u})$ 为凸函数。

Bregman 迭代算法的步骤可以描述如下。

(1)初始化,即

$$k = 0, \boldsymbol{u}^0 = 0, \boldsymbol{p}^0 = 0$$

(2)while "not converge", do

$\boldsymbol{u}^{k+1} \leftarrow \min_{\boldsymbol{u}} D_J^{p^k}(\boldsymbol{u}, \boldsymbol{u}^k) + \lambda H(\boldsymbol{u})$;

$\boldsymbol{p}^{k+1} \leftarrow \boldsymbol{p}^k - \lambda \nabla H(\boldsymbol{u}^{k+1}) \in \partial J(\boldsymbol{u}^{k+1})$;

$k \leftarrow k + 1$;

end while

此外,Yin Wotao 针对基追踪问题, 即 $J(\boldsymbol{u}) = \mu \parallel \boldsymbol{u} \parallel_1, H(\boldsymbol{u}) = \frac{1}{2} \parallel \boldsymbol{A}\boldsymbol{u} - \boldsymbol{f} \parallel^2$ 的情况,给出了以下两种迭代形式。

情形一:$\boldsymbol{u}^0 \leftarrow 0, \boldsymbol{p}^0 \leftarrow 0$。

For $k = 0, 1, \cdots$ do

$$\boldsymbol{u}^{k+1} \leftarrow \underset{\boldsymbol{u}}{\arg\min} \ D_J^{p^k}(\boldsymbol{u}, \boldsymbol{u}^k) + \frac{1}{2} \parallel \boldsymbol{A}\boldsymbol{u} - \boldsymbol{f} \parallel^2 \quad (5.11)$$

$$\boldsymbol{p}^{k+1} \leftarrow \boldsymbol{p}^k - \boldsymbol{A}^{\mathrm{T}}(\boldsymbol{A}\boldsymbol{u}^{k+1} - \boldsymbol{f}) \quad (5.12)$$

情形二:$\boldsymbol{u}^0 \leftarrow 0, \boldsymbol{p}^0 \leftarrow 0$。

For $k = 0, 1, \cdots$ do

$$\boldsymbol{f}^{k+1} \leftarrow \boldsymbol{f} + (\boldsymbol{f}^k - \boldsymbol{A}\boldsymbol{u}^k) \quad (5.13)$$

$$\boldsymbol{u}^{k+1} \leftarrow \underset{\boldsymbol{u}}{\arg\min} \ J(\boldsymbol{u}) + \frac{1}{2} \parallel \boldsymbol{A}\boldsymbol{u} - \boldsymbol{f}^{k+1} \parallel^2 \quad (5.14)$$

式中,$\boldsymbol{p}^0 = \boldsymbol{u}^0 = 0$。情形二的过程就是加回残差的过程,通过 $\boldsymbol{f}^{k+1} = \boldsymbol{f} + (\boldsymbol{f}^k + \boldsymbol{u}^k)$ 生成新的输入,则 Bregman 迭代算法的每一步迭代均可简化为 ROF 模型。

5.2　线性 Bregman 迭代方法

Osher 等在进行重建实验时改进了原有的 Bregman 迭代算法,对 Bregman 迭代步骤的 $H(\boldsymbol{u})$ 项进行线性简化,即线性 Bregman 算法。此算法一经提出,便成为相关理论研究的热点,并取得了很多进展,且此算法的运算仅有矩阵和向量的相乘运算,在仿真实验中易于实现,其公式为

$$\begin{cases} \boldsymbol{u}^{k+1} = \underset{\boldsymbol{u} \in \mathbf{R}^n}{\arg\min} \ \{\mu(J(\boldsymbol{u}) - J(\boldsymbol{u}^k) - \langle \boldsymbol{u} - \boldsymbol{u}^k, \boldsymbol{p}^k \rangle) + \\ \qquad\qquad \frac{1}{2\delta} \parallel \boldsymbol{u} - (\boldsymbol{u}^k - \delta \boldsymbol{A}^{\mathrm{T}}(\boldsymbol{A}\boldsymbol{u}^k - \boldsymbol{f})) \parallel^2 \} \\ \boldsymbol{p}^{k+1} = \boldsymbol{p}^k - \frac{1}{\mu\delta}(\boldsymbol{u}^{k+1} - \boldsymbol{u}^k) - \frac{1}{\mu} \boldsymbol{A}^{\mathrm{T}}(\boldsymbol{A}\boldsymbol{u}^k - \boldsymbol{f}) \end{cases} \quad (5.15)$$

式中,δ 为固定步长参数。

Cai 等在研究基追踪重建时,将不动点迭代法与 Bregman 迭代算法相结合,提出了线性 Bregman 迭代算法,数学表达为

$$\begin{cases} \boldsymbol{v}^{k+1} = \boldsymbol{v}^k - \boldsymbol{A}^{\mathrm{T}}(\boldsymbol{A}\boldsymbol{u}^k - \boldsymbol{g}) \\ \boldsymbol{u}^{k+1} = \boldsymbol{T}_{\mu\delta}(\delta \boldsymbol{v}^{k+1}) \end{cases} \quad (5.16)$$

$\boldsymbol{u}^0 = \boldsymbol{v}^0 = 0, \boldsymbol{T}_\lambda(w) := [t_\lambda[w(1)], t_\lambda[w(2)], \cdots, t_\lambda[w(n)]]^{\mathrm{T}}$ 为软阈值算子,且

$$t_\lambda(\xi) = \begin{cases} 0, & |\xi| \leqslant \lambda \\ \mathrm{sgn}(\xi)(|\xi| - \lambda), & |\xi| > \lambda \end{cases} \quad (5.17)$$

Cai 等对该算法的收敛性进行了证明。算法的运算包括分辨率的压缩和

向量与矩阵的乘法，使之易于仿真与实现。线性 Bregman 算法在重建完整度、稀疏表示和运算速度等方面都有着良好的表现。Cai 等对上述迭代算法进行规范化，即令 $v^{k+1} = A^\mathrm{T} g^{k+1}$，得到一种变形的线性的 Bregman 迭代方法，即

$$\begin{cases} g^{k+1} = g^k + (g - Au^k) \\ u^{k+1} = \delta \, T_\mu (A^\mathrm{T} g^{k+1}) \end{cases} \tag{5.18}$$

这种变形的线性 Bregman 迭代算法对矩阵 A 有两点要求：$AA^\mathrm{T} \neq I$ 和满秩。而 A 往往无法满足上述条件，所以对现有的线性 Bregman 迭代方法进行改进，即

$$\begin{cases} g^{k+1} = g^k + (g - A\,u^k) \\ u^{k+1} = \delta \, T_\mu (A^+ g^{k+1}) \end{cases} \tag{5.19}$$

式中，A^+ 为 A 的 M−P 广义逆，满足上文所说的 M−P 条件。

在这一算法中，依然能通过压缩算子来求解 l_2 最小化问题，并完成最终的重建步骤，但这里也将误差引入到 l_2 最小化的求解之中。

5.3　分裂 Bregman 迭代方法

线性 Bregman 迭代算法可以对传统的 BP 问题进行求解，但还是存在很多有待研究的问题。压缩感知的广泛讨论对于解决 l_1 范数最小化求解问题起到了一定帮助，但是在信号分析、图像处理等领域中，面对的是更一般的 l_1 范数最小化求解问题，即

$$\min_u \ \| \Phi(u) \|_1 + H(u) \tag{5.20}$$

式中，$\Phi(u) : \mathbf{R}^n \to \mathbf{R}^n$，$\| \Phi(u) \|_1$ 与 $H(u)$ 都是凸函数，且前者为可微的向量值函数。式(5.20)是基追踪问题的另一种表达。为解决上述形式的 l_1 范数最小化求解问题，Tom Glodstein 等结合 Bregman 迭代方法和算子分裂技术，于 2008 年提出了分裂 Bregman 迭代(Split − Bregman Iteration，SBI) 算法。

式(5.20)的另一种表达是

$$\min_{u, d} \ \{ \| d \|_1 + H(u) \}, \quad \text{s. t.} \ d = \Phi(u) \tag{5.21}$$

根据凸优化理论可得

$$\min_{u, d} \ \{ \| d \|_1 + H(u) + \frac{\lambda}{2} \| d - \Phi(u) \|_2^2 \} \tag{5.22}$$

式(5.21)属于约束问题最优化，它与式(5.22)是等价的。式(5.22)是无约束问题最优化。

令 $J(u, d) = \| d \|_1$，$H(u, d) = H(u) + \dfrac{\lambda}{2} \| d - \Phi(u) \|_2^2$，则有

$$\min_{u} \{J(\boldsymbol{u},\boldsymbol{d}) + \bar{H}(\boldsymbol{u},\boldsymbol{d})\} \qquad (5.23)$$

利用式(5.11)和式(5.12)对该问题进行求解,可得

$$(\boldsymbol{u}^{k+1},\boldsymbol{d}^{k+1}) = \min_{\boldsymbol{u},\boldsymbol{d}} D_J^p(\boldsymbol{u},\boldsymbol{u}^k,\boldsymbol{d},\boldsymbol{d}^k) + \frac{\lambda}{2}\|\boldsymbol{d} - \boldsymbol{\Phi}(\boldsymbol{u})\|_2^2$$

$$\boldsymbol{p}_u^{k+1} = \boldsymbol{p}_u^k - \lambda(\nabla\boldsymbol{\Phi})^{\mathrm{T}}(\boldsymbol{\Phi}\boldsymbol{u}^{k+1} - \boldsymbol{d}^{k+1}) \qquad (5.24)$$

$$\boldsymbol{p}_d^{k+1} = \boldsymbol{p}_d^k - \lambda(\boldsymbol{d}^{k+1} - \boldsymbol{\Phi}\boldsymbol{u}^{k+1})$$

$$\boldsymbol{u}^0 = \boldsymbol{d}^0 = \boldsymbol{p}_u^0 = \boldsymbol{p}_d^0 = 0$$

式中

$$D_J^p(\boldsymbol{u},\boldsymbol{u}^k,\boldsymbol{d},\boldsymbol{d}^k) = J(\boldsymbol{u},\boldsymbol{d}) - \langle \boldsymbol{p}_u^k, \boldsymbol{u} - \boldsymbol{u}^k \rangle - \langle \boldsymbol{p}_d^k, \boldsymbol{d} - \boldsymbol{d}^k \rangle, \boldsymbol{p}^k = (\boldsymbol{p}_u^k, \boldsymbol{p}_d^k)$$

另外,如果利用式(5.11)和式(5.13)求解,还可以得到分裂 Bregman 迭代的另一种形式,即

$$\boldsymbol{p}^{k+1} = \boldsymbol{p}^k + (\boldsymbol{\Phi}(\boldsymbol{u}^k) - \boldsymbol{d}^k)$$

$$(\boldsymbol{u}^{k+1},\boldsymbol{d}^{k+1}) = \operatorname*{argmin}_{\boldsymbol{u},\boldsymbol{d}} \{\|\boldsymbol{d}\|_1 + H(\boldsymbol{u}) + \frac{\lambda}{2}\|\boldsymbol{d} - \boldsymbol{\Phi}(\boldsymbol{u}) - \boldsymbol{p}^{k+1}\|^2\}$$

$$(5.25)$$

$$\boldsymbol{u}^0 = \boldsymbol{d}^0 = \boldsymbol{p}^0 = 0$$

可以用交替最小化方法对式(5.25)进行求解。根据 Cai 可知,分裂 Bregman 迭代算法的收敛速度更快,有着易于编程实现、易并行化等优点。因此,选择分裂 Bregman 迭代算法来进行地震数据的重建。

5.4 基于改进的 Bregman 迭代算法的地震数据重建

5.4.1 改进的 Bregman 迭代算法

$\boldsymbol{u}$ 全变分可定义为 $J(\boldsymbol{u}) = \lambda \mathrm{TV}(\boldsymbol{u}) = \lambda\int|\nabla\boldsymbol{u}|$,$\nabla$ 表示梯度算子,全变分去噪模型表示为

$$\boldsymbol{u} = \operatorname*{argmin}_{\boldsymbol{u}} \lambda J(\boldsymbol{u}) + \frac{1}{2}\|\boldsymbol{u} - \boldsymbol{f}\|_2^2 \qquad (5.26)$$

把全变分 $J(\boldsymbol{u})$ 的 Bregman 距离替换 $J(\boldsymbol{u})$,得到迭代正则化模型为

$$\boldsymbol{u}^{k+1} = \operatorname*{argmin}_{\boldsymbol{u}} \lambda D_J^{\boldsymbol{p}^k}(\boldsymbol{u},\boldsymbol{u}^k) + \frac{1}{2}\|\boldsymbol{u} - \boldsymbol{f}\|_2^2 \qquad (5.27)$$

上面的公式存在凸优化问题,$\boldsymbol{u}^0 = 0$,$\boldsymbol{p}^0 = 0$,当 $0 \in \partial J(\boldsymbol{u}^{k+1}) - \boldsymbol{p}^k + \boldsymbol{u}^{k+1}$ 时,存在最优解,新的公式为

$$p^{k+1} = p^k - u^{k+1} + f \qquad (5.28)$$

Bregman 迭代过程为

$$\begin{cases} u^0 = p^0 = 0 \\ u^{k+1} = \underset{u \in \mathbf{R}^n}{\arg\min} \mu D_J^{u^k}(u, u^k) + \dfrac{1}{2} \parallel Au - f \parallel \\ p^{k+1} = p^k - \dfrac{1}{\mu} A^{\mathrm{T}}(Au^k - f) \end{cases} \qquad (5.29)$$

在最小化函数同样时,式(5.29)可表示成

$$\begin{cases} u^0 = 0, p^0 = 0 \\ f^{k+1} = f^k - u^k + f \\ u^{k+1} = \underset{d}{\arg\min} \lambda J(u) + \dfrac{1}{2} \parallel u - f^{k+1} \parallel_2^2 \end{cases} \qquad (5.30)$$

Bregman 迭代是通过最小化 u 和 u^k 之间的 Bregman 距离来实现的,ROF 模型是通过最小化全变分来实现的正则化,Bregman 迭代比 ROF 模型更能提高正则化性能。随后,Yin 等将 $J(u)$ 表示为 $\parallel \boldsymbol{\Psi}^{-1} u \parallel_1$,即

$$\begin{cases} f^{k+1} = f^k + (f - \boldsymbol{\Phi}\boldsymbol{\Psi}\boldsymbol{\alpha}^k) \\ \boldsymbol{\alpha}^{k+1} = \underset{a}{\arg\min} \lambda \parallel \boldsymbol{\alpha} \parallel_1 + \dfrac{1}{2} \parallel \boldsymbol{\Phi}\boldsymbol{\Psi}\boldsymbol{\alpha} - f^{k+1} \parallel_2^2 \\ u^0 = f^0 = 0 \end{cases} \qquad (5.31)$$

现实中,图像 f 只有很少量元素是零,因此要把 f 进行变量代换,才能够在压缩感知的框架下求解。f 在某变换域的表示形式为

$$f = \boldsymbol{\Psi}\hat{\boldsymbol{\alpha}} \qquad (5.32)$$

式中,$\hat{\boldsymbol{\alpha}}$ 表示稀疏图像,它是 f 在 $\boldsymbol{\Psi}$ 变换域上的另一种形式。对 $\hat{\boldsymbol{\alpha}}$ 进行阈值处理,产生稀疏图像 $\boldsymbol{\alpha}$,即

$$\boldsymbol{\alpha} = H[\hat{\boldsymbol{\alpha}}] = H[\boldsymbol{\Psi}^{\mathrm{T}}f] \qquad (5.33)$$

式中,$H[\cdot]$ 表示阈值算子。Bregman 迭代框架为

$$\begin{cases} f^{k+1} = f^k + (f - \boldsymbol{\Phi}\boldsymbol{\Psi}\boldsymbol{\alpha}^k) \\ \boldsymbol{\alpha}^{k+1} = H[\boldsymbol{\Psi}^{\mathrm{T}}f^{k+1}] \end{cases} \qquad (5.34)$$

式中,$\boldsymbol{\alpha}^0 = 0, f^0 = 0$。这样,需要重建的地震图像 f 即可通过 $u = \boldsymbol{\Psi}\boldsymbol{\alpha}^{k+1}$ 来求得。

图 5.1 所示为 Bregman 迭代算法流程图,它能方便清晰地表达重建过程。在 Bregman 迭代算法流程图中,初始条件为 $\boldsymbol{\alpha}^0 = 0, f^0 = 0$,初始输入图像是 f,通过 $\boldsymbol{\Psi}$ 对观测图像对进行稀疏变换,地震图像从时间域变换到稀疏的空间域,经过适当的阈值参数处理,再进行反变换,完成一次迭代。接下来的迭

代将观测矩阵 $\boldsymbol{\Phi}$ 与上一次的迭代结果做点积,然后用 f 减去点积,再与原始地震图像叠加,从而得到 f^{k+1},这样又完成了下一次的迭代,最后得到结果 u。

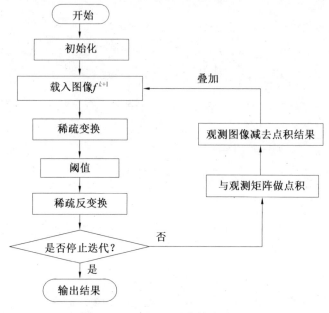

图 5.1 Bregman 迭代算法流程图

5.4.2 阈值算子的选取

基于 Bregman 迭代框架进行地震图像重建时,一个关键环节就是阈值算子的选择。在稀疏域里,阈值方法能够减少噪声,降低空间假频。地震图像的有效信号经过变换得到大量的系数,这些系数通常是在较小的动态级数范围内,而噪声的变换系数是在整个域内。变换后的地震图像,有效信号系数的幅值必定大于噪声系数的幅值,因此要选择恰当的阈值参数。在变换域内,这个参数不仅要大于噪声系数的幅值,而且要小于有效信号系数的幅值。经过阈值的处理,在变换域内降低噪声,去除空间假频系数,再通过稀疏反变换将图像恢复到图像域,这样不仅可以降低噪声、去除假频,而且能恢复有效信息。本章主要对硬阈值和软阈值方法进行讨论,它们是阈值方法的两大类。

硬阈值是指阈值参数与变换得到的系数比较,如果变换系数的绝对值大于阈值参数,则保留该变换系数;如果变换系数的绝对值小于阈值参数,则该变换系数归零。在阈值处理之后,将地震图像反变换到图像域。硬阈值表示为

$$\boldsymbol{\alpha} = \begin{cases} \hat{\boldsymbol{\alpha}}, & \hat{\boldsymbol{\alpha}} \geqslant \lambda \\ 0, & -\lambda < \hat{\boldsymbol{\alpha}} < \lambda \\ \hat{\boldsymbol{\alpha}}, & \hat{\boldsymbol{\alpha}} \leqslant -\lambda \end{cases} \tag{5.35}$$

式中,λ 表示阈值参数;$\boldsymbol{\alpha}$ 表示变换域中对原始系数 $\hat{\boldsymbol{\alpha}}$ 做阈值处理之后产生的新系数。

软阈值是将变换域中大于阈值参数的变换系数输出,然后表示成变换系数与阈值参数的差。软阈值的表示为

$$\boldsymbol{\alpha} = \begin{cases} \hat{\boldsymbol{\alpha}} - t, & \hat{\boldsymbol{\alpha}} \geqslant \lambda \\ 0, & -\lambda < \hat{\boldsymbol{\alpha}} < \lambda \\ \hat{\boldsymbol{\alpha}} + t, & \hat{\boldsymbol{\alpha}} \leqslant -\lambda \end{cases} \tag{5.36}$$

由于 $\boldsymbol{\alpha}$ 在 $\pm\lambda$ 处不是连续的,用硬阈值处理产生的结果会令信号有震荡效果,因此软阈值比硬阈值处理的效果更加平滑,处理结果更理想。

接下来是选择一个适当的 λ 作为软阈值参数,从而达到在变换域中降低噪声、去除假频的目的。λ 的选取是一个难点,它不仅关系到地震图像重建的准确性,而且也关系着效率。这里在压缩感知框架下,提出基于 $H-\text{curve}$ 准则的自适应阈值参数选取方法,并将其用在 Bregman 迭代框架中。在这个框架中,$\boldsymbol{\Psi}$ 表示正交变换,观测图像 f 表示为在 $\boldsymbol{\Psi}$ 域中基向量的线性组合形式,即

$$f = \boldsymbol{\Psi}\hat{\boldsymbol{\alpha}} = \sum_i \hat{\boldsymbol{\alpha}}_i \boldsymbol{\Psi}_i \tag{5.37}$$

式(5.37)的变换域系数 $\hat{\boldsymbol{\alpha}}_i = \langle f, \boldsymbol{\Psi}_i \rangle = \boldsymbol{\Psi}_i^{\mathrm{T}} f$,$f$ 和 $\hat{\boldsymbol{\alpha}}$ 可以看作对同一个地震图像的等价的两种表现方式,f 是地震图像在图像空间域内的表示,$\hat{\boldsymbol{\alpha}}$ 是地震图像在稀疏变换域 $\boldsymbol{\Psi}$ 内的表示。因此,地震图像求解模型为

$$u = \boldsymbol{\Psi}\boldsymbol{\alpha} = \sum_i \boldsymbol{\alpha}_i \boldsymbol{\Psi}_i = \sum_i H_\lambda(\hat{\boldsymbol{\alpha}}_i) \boldsymbol{\Psi}_i \tag{5.38}$$

H_λ 表示软阈值函数,为表达方便,将其写成

$$\boldsymbol{\alpha}_i = H_\lambda(\hat{\boldsymbol{\alpha}}_i) = \begin{cases} \boldsymbol{\alpha}_i - \lambda, & |\hat{\boldsymbol{\alpha}}_i| > \lambda \\ 0, & |\hat{\boldsymbol{\alpha}}_i| \leqslant \lambda \end{cases} \tag{5.39}$$

为便于计算,式(5.39)中的 $H_\lambda(\hat{\boldsymbol{\alpha}}_i)$ 可以表示为

$$f_i(\lambda) = \frac{|\hat{\boldsymbol{\alpha}}_i| - \lambda}{|\hat{\boldsymbol{\alpha}}_i|} = \begin{cases} 1 - \dfrac{\lambda}{|\hat{\boldsymbol{\alpha}}_i|}, & |\hat{\boldsymbol{\alpha}}_i| > \lambda, \\ 0, & |\hat{\boldsymbol{\alpha}}_i| \leqslant \lambda \end{cases} \qquad (5.40)$$

式(5.38)中的 $\boldsymbol{u}$ 可以写成

$$\boldsymbol{u} = \sum_i H_\lambda(\hat{\boldsymbol{\alpha}}_i)\boldsymbol{\Psi}_i = \sum_i f_i(\lambda)\,\hat{\boldsymbol{\alpha}}_i\psi_i \qquad (5.41)$$

综上所述,地震图像重建问题转化成如何找到 $\boldsymbol{u}$,$\boldsymbol{u}$ 决定了为获得最好的近似值而需要的阈值参数。$H-\text{curve}$ 准则决定了阈值 λ,用该阈值对地震图像重建,令

$$\lambda \sum_i |\boldsymbol{\alpha}_i| + \frac{1}{2}\sum_i |\boldsymbol{\alpha}_i - \hat{\boldsymbol{\alpha}}_i|^2 \qquad (5.42)$$

的值达到最小。 式中,$|\cdot|$ 为绝对值。 $\|\boldsymbol{\alpha}\|_1$ 定义为 $\eta(\lambda) = \|\boldsymbol{\alpha}\|_1$,$\|\boldsymbol{\Phi\Psi}\alpha - f\|_2^2$ 定义为 $\rho(\lambda) = \|\boldsymbol{\Phi\Psi}\alpha - f\|_2^2$,得到

$$\begin{cases} \eta(\lambda) = \sum_i |\boldsymbol{\alpha}_i| = \sum_i |f_i(\lambda)\,\hat{\boldsymbol{\alpha}}_i| \\ \rho(\lambda) = \sum_i (\boldsymbol{\alpha}_i - \hat{\boldsymbol{\alpha}}_i)^2 = \sum_i [(1 - f_i(\lambda))\,\hat{\boldsymbol{\alpha}}_i]^2 \end{cases} \qquad (5.43)$$

接着对 λ 求导,再将其代入式(5.40)得到

$$\begin{cases} \eta'(\lambda) = \dfrac{\mathrm{d}\eta(\lambda)}{\mathrm{d}\lambda} = \sum_i \dfrac{\mathrm{d}f_i(\lambda)}{\mathrm{d}\lambda}|\hat{\boldsymbol{\alpha}}_i| \\ \rho'(\lambda) = \dfrac{\mathrm{d}\rho(\lambda)}{\mathrm{d}\lambda} = -2\lambda \sum_i \dfrac{\mathrm{d}f_i(\lambda)}{\mathrm{d}\lambda}|\hat{\boldsymbol{\alpha}}_i| \end{cases} \qquad (5.44)$$

综上,能够得到 $\dfrac{\mathrm{d}\eta}{\mathrm{d}\rho} = -\dfrac{1}{2\lambda} < 0$,这就表示 $\rho(\lambda)$ 和 $\eta(\lambda)$ 的增减是相反的,因此存在 λ 使 $\rho(\lambda) + \eta(\lambda)$ 最小,定义参数曲线 $\hat{\rho}(\lambda)\hat{\eta}(\lambda)$ 的曲率值,从而间接反映 $\rho(\lambda) + \eta(\lambda)$ 的变化。令 $\hat{\rho}(\lambda) = \lg \rho(\lambda)$,$\hat{\eta}(\lambda) = \lg \eta(\lambda)$,则参数曲线的曲率为

$$K(\lambda) = \frac{2\rho\eta(\lambda\rho\eta' + \eta\rho + 2\lambda^2\eta\eta')}{|\eta'|(4\lambda^2\eta^2 + \rho^2)^{3/2}} \qquad (5.45)$$

当 $K(\lambda)$ 取最小值时,λ 是通过 $H-\text{curve}$ 准则确定的最好阈值。选择了最佳的阈值参数后,阈值算子 H 也就得到了确定,再根据不同的地震图像特征选取合适的稀疏变换,通过 Bregman 迭代算法求得真实地震图像的稀疏域表示 $\boldsymbol{u}$,再经由稀疏反变换即可重建真实图像。这个过程中,稀疏变换的设计是关键。根据上一章的论述,本章选择 Curvelet 变换作为稀疏变换,在 Bregman 迭代算法框架下对地震图像进行重建,基于改进的 Bregman 迭代算

法的地震图像重建流程图如图 5.2 所示。

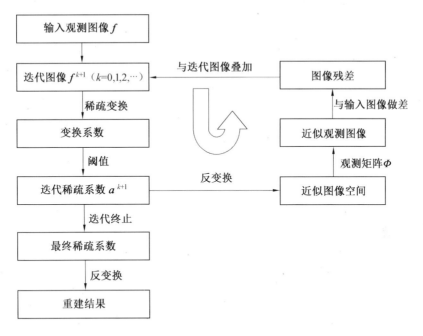

图 5.2　基于改进的 Bregman 迭代算法的地震图像重建流程图

5.4.3　实验结果及分析

本实验中用到两幅大小为 512×512 的地震图像，Curvelet 变换为稀疏基，观测矩阵为高斯随机矩阵，重建算法分别为 Bregman 迭代算法、线性 Bregman 迭代算法、残差 Bregman 迭代算法和改进的 Bregman 迭代算法，依次实现地震图像的重建，所有实验都在 Matlab R2014a 环境下完成。图 5.3 所示为采样率为 25％ 时使用三种稀疏基重建地震图像的实验结果对比，图 5.3(a)～(e) 为地震图像 1 及其应用四种 Bregman 迭代算法重建的效果图，图 5.3(f)～(j) 为地震图像 2 及其应用四种 Bregman 迭代算法重建的效果图。可知，本章改进的算法优于 Bregman 迭代算法约 2.0 dB，优于残差 Bregman 迭代算法约 1.3 dB，优于线性 Bregman 迭代算法约 0.7 dB。

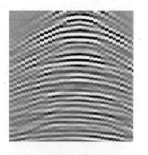
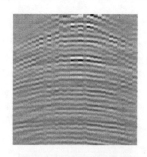

(a) 地震图像1　　　　　　　　(b) Bregman迭代算法(PSNR=35.123 2 dB)

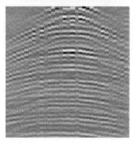

(c) 残差Bregman迭代算法(PSNR=35.844 5 dB) (d) 线性Bregman迭代算法(PSNR=36.513 3 dB)

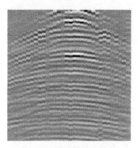

(e) 改进的Bregman迭代算法(PSNR=37.143 4 dB)　　　　(f) 地震图像2

(g) Bregman迭代算法(PSNR=31.982 6 dB)　　(h) 残差Bregman迭代算法(PSNR=32.648 5 dB)

图 5.3　采样率为 25% 时使用三种稀疏基重建地震图像的实验结果对比

(i) 线性Bregman迭代算法(PSNR=33.361 9 dB)　　(j) 改进的Bregman迭代算法(PSNR=34.003 3 dB)

续图 5.3

　　地震图像应用四种观测矩阵 Bregman 迭代算法重建的 PSNR 值对比见表 5.1。可以看出,改进的 Bregman 迭代算法作为重建算法实现地震图像重建的峰值信噪比,比使用其他方案高了 0.7～1.4 dB。

表 5.1　地震图像应用四种对测矩阵 Bregman 迭代算法重建的 PSNR 值对比

单位:dB

方法	地震图像 1			地震图像 2		
	15%	25%	35%	15%	25%	35%
Bregman 迭代算法	31.114 2	35.123 2	37.012 7	27.295 9	31.982 6	34.135 2
残差 Bregman 迭代算法	31.934 1	35.844 5	37.761 5	27.916 9	32.648 5	34.871 4
线性 Bregman 迭代算法	32.655 2	36.513 3	38.414 4	28.614 3	33.361 9	35.520 9
改进的 Bregman 迭代算法	33.343 1	37.143 4	39.129 5	29.393 3	34.003 3	36.163 8

　　图 5.4 所示为两幅地震图像应用四种方法实现地震图像重建的性能对比。采样率为 15%～65%,比较上述四种重建算法的 PSNR 值。可以看出,改进的 Bregman 迭代算法作为重建算法时,地震图像重建效果均高于其他三种算法,从而验证了该算法的有效性与稳定性。

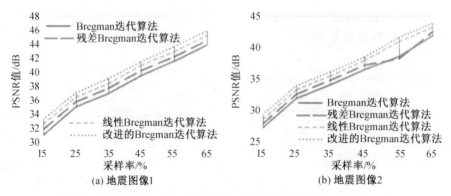

(a) 地震图像1　　　　　　　　　(b) 地震图像2

图 5.4　两幅地震图像应用四种方法实现地震图像重建的性能对比

5.5　基于 $k-\mathrm{SVD}$ 字典的 Bregman 迭代地震数据重建

5.5.1　$k-\mathrm{SVD}$ 字典训练

以色列理工学院的 Michal Aharon 等基于 $k-\mathrm{means}$ 算法,在 2006 年提出了 $k-\mathrm{SVD}$ 字典训练算法。$k-\mathrm{SVD}$ 算法从诞生至今,一直是图像处理领域的研究热点,现已有周亚同、侯思安等在地震数据重建上使用了 $k-\mathrm{SVD}$ 算法。本节提出的地震数据算法的插值循环中包含了 $k-\mathrm{SVD}$ 算法,它在整个稀疏变换中不停地更新超完备字典中的列,在结束迭代时就得到了能更好地对图像进行描述的超完备字典。其另一个优点是能够与所有的分解算法结合,通过对超完备字典的更新,提高变换后图像的稀疏性,加快分解和收敛的速度。

基于 $k-\mathrm{SVD}$ 的超完备字典训练算法具体流程描述如下。

首先,设
$$\boldsymbol{D} \in \mathbf{R}^{n \times K}, \boldsymbol{y} \in \mathbf{R}^{n}, \boldsymbol{x} \in \mathbf{R}^{K}, \boldsymbol{Y} = \{\boldsymbol{y}_i\}_{i=1}^{N}, \boldsymbol{X} = \{\boldsymbol{x}_i\}_{i=1}^{N} \tag{5.46}$$
式中,$\boldsymbol{x}$ 为待处理信号的变换域系数向量;$\boldsymbol{Y} = \{\boldsymbol{y}_i\}_{i=1}^{N}$ 为 N 个待处理信号集合;$\mathbf{R}^n$ 表示 n 维信号集;$\boldsymbol{y}$ 表示待处理信号;$\boldsymbol{X} = \{\boldsymbol{x}_i\}_{i=1}^{N}$ 为 $\boldsymbol{Y}$ 的解向量集合;$\boldsymbol{D}$ 为原超完备字典。在 $k-\mathrm{SVD}$ 算法的开始阶段首先要实现的是
$$\min \{\parallel \boldsymbol{y}_i - \boldsymbol{D}\boldsymbol{x} \parallel_2^2\}, \quad \mathrm{s.\,t.} \ \forall i, \parallel \boldsymbol{x}_i \parallel_0 \leqslant T_0, i=1,2,\cdots,N \tag{5.47}$$
或者依照信号逼近的观点,式(5.47)可以转化为
$$\min \{\parallel \boldsymbol{x}_i \parallel_0\}, \quad \mathrm{s.\,t.} \parallel \boldsymbol{y}_i - \boldsymbol{D}\boldsymbol{x} \parallel_2^2 \leqslant \varepsilon, i=1,2,\cdots,N \tag{5.48}$$
式(5.47)中的 T_0 和式(5.48)中的 ε 本质相同,二者分别表示稀疏变换域

中非零项的数目和残差阈值。利用式(5.47),通过原超完备字典 $\boldsymbol{D}$ 的迭代训练,如果有 $\boldsymbol{D}$ 的第 k 列向量为 $\boldsymbol{d}_k$,则此时可以将式(5.47)转化为

$$\| \boldsymbol{Y} - \boldsymbol{DX} \|_F^2 = \| (\boldsymbol{Y} - \sum_{j \neq k} \boldsymbol{d}_j \, \boldsymbol{x}_T^j) - \boldsymbol{d}_k \boldsymbol{x}_T^k \|_F^2 = \| \boldsymbol{E}_k - \boldsymbol{d}_k \boldsymbol{x}_T^k \|_F^2$$

$$(5.49)$$

式中,$\boldsymbol{E}_k$ 代表去掉 $\boldsymbol{d}_k$ 后信号集 $\boldsymbol{Y}$ 的分解误差;$\boldsymbol{x}_T^k$ 为 $\boldsymbol{d}_k$ 对应的系数矩阵 $\boldsymbol{X}$ 中的第 k 行向量。为了 SVD 过程的顺利进行,引入定义为

$$\omega_k = \{ i \mid 1 \leqslant i \leqslant K, \boldsymbol{x}_T^k(i) \neq 0 \}, \quad \boldsymbol{x}_R^k = \boldsymbol{x}_T^k \boldsymbol{\Omega}_k, \ \boldsymbol{Y}_k^R = \boldsymbol{Y} \boldsymbol{\Omega}_k, \boldsymbol{E}_k^R = \boldsymbol{E}_k \boldsymbol{\Omega}_k$$

$$(5.50)$$

式中,ω_i 为点 $\boldsymbol{x}_T^k(i) \neq 0$ 的索引,等价于用 $\boldsymbol{d}_k$ 对信号 $\{\boldsymbol{y}_i\}$ 进行分解时得到的 $\boldsymbol{y}_i$ 的索引所构成的集合;$\boldsymbol{\Omega}_k$ 为 $N \times |\omega_k|$ 矩阵,矩阵上的点位置为 $(\omega(i), i)$ 时其值为 1,否则为 0;$\boldsymbol{E}_k^R$ 为去掉不受 $\boldsymbol{d}_k$ 影响的样本后的残差;$\boldsymbol{Y}_k^R$ 为当前用到原子 $\boldsymbol{d}_k$ 的样本集合,剔除输入 $\boldsymbol{x}_T^k$、$\boldsymbol{Y}$、$\boldsymbol{E}_k$ 的收缩结果分别为 $\boldsymbol{x}_R^k$、$\boldsymbol{Y}_k^R$、$\boldsymbol{E}_k^R$。此时,式(5.49)可转化为

$$\| \boldsymbol{E}_k \boldsymbol{\Omega}_k - \boldsymbol{d}_k \boldsymbol{x}_T^k \boldsymbol{\Omega}_k \| = \| \boldsymbol{E}_k^R - \boldsymbol{d}_k \boldsymbol{x}_R^k \|_F^2 \qquad (5.51)$$

根据 $\boldsymbol{E}_k = \boldsymbol{U} \Delta \boldsymbol{V}^T$ 对 $\boldsymbol{E}_k$ 进行 SVD 分解,在每一次更新过程中,对 $\boldsymbol{d}_k$ 进行优化,将得到的结果 $\widetilde{\boldsymbol{d}_k}$ 作为列向量更新到矩阵 $\boldsymbol{U}$ 中,直至 $\boldsymbol{U}$ 的最后一列,得到生成的超完备字典 $\widetilde{\boldsymbol{D}}$。

5.5.2　算法描述与实现

在 Bregman 迭代重建算法框架中,使用 $k - $SVD 对联合数据样本进行初步数据处理,每次迭代后进行插值处理,进行多次迭代后得出重建的地震数据。实验说明,使用该算法能够更有效地进行地震数据的重建。算法具体实现步骤如下。

(1) 字典初始化。一般有两种手段:第一种是将特定的稀疏变换(如超完备离散小波变换字典)作为字典;第二种是将联合数据样本作为初始字典。这里采用双阈值软迭代处理的地震数据作为联合数据样本。

(2) 稀疏变换。利用已知字典 $\boldsymbol{D}$,按照前述的 OMP 算法,根据式(5.47),求解每一个样本 $\boldsymbol{y}_i$ 的稀疏系数向量 $\boldsymbol{x}_i$。

(3) 字典更新。固定向量 $\boldsymbol{x}_i$ 后更新字典 $\boldsymbol{D}$,对字典 $\boldsymbol{D}$ 的每一列向量 $\boldsymbol{d}_k(k = 1, 2, 3, \cdots)$ 进行更新,此时的具体分解形式可以用式(5.49)和式(5.51)来表达。当迭代次数达到上限或者残差足够小时,得出新的字典,否则继续迭代步骤(2)。

（4）由上述步骤可知，最终产生字典 $\tilde{\boldsymbol{D}}$，在稀疏重建阶段采用分裂 Bregman 迭代算法，根据式（5.25）进行 Bregman 迭代。

（5）对得到的结果进行插值处理，如果未满足迭代次数，则返回步骤（2）继续迭代；如果满足迭代次数，则退出迭代过程并输出地震数据重建结果。

5.5.3　仿真实验及分析

根据前述算法的原理及实现步骤，分别对地震数据 A 和地震数据 B 进行重建实验，并与第 3 章双阈值软迭代重建方法进行比较。图 5.5 所示为采样后的地震数据（采样率为 60%），图 5.6 所示为使用双阈值软迭代算法重建后的地震数据，图 5.7 所示为采用基于 k-SVD 字典训练的 Bregman 迭代算法重建后的地震数据。两种算法重建地震图像的 PSNR 值对比见表 5.2。可以看出，本节算法明显优于双阈值软迭代算法，PSNR 值提升 0.408 5～1.079 1 dB。

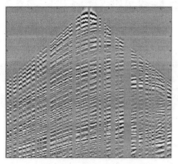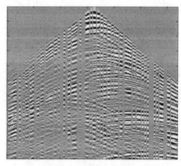

(a) 随机道缺失的地震数据A
(PSNR=20.789 4 dB)

(b) 随机道缺失的地震数据B
(PSNR=20.544 6 dB)

图 5.5　采样后的地震数据（采样率为 60%）

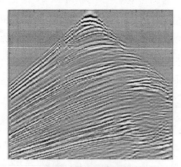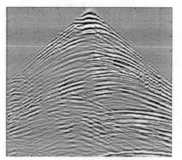

(a) 重建后的地震数据A
(PSNR=25.690 3 dB)

(b) 重建后的地震数据B
(PSNR=24.232 5 dB)

图 5.6　使用双阈值软迭代算法重建后的地震数据

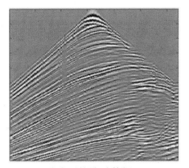 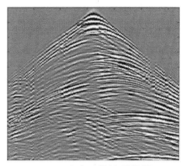

(a) 重建后的地震数据A　　　　　　　　(b) 重建后的地震数据B
(PSNR=26.431 4 dB)　　　　　　　　　(PSNR=25.311 6 dB)

图 5.7　采用基于 $k-$SVD 字典训练的 Bregman 迭代算法重建后的地震数据

表 5.2　两种算法重建地震图像 PSNR 值对比　　　　　　单位:dB

方法	地震数据 A			地震数据 B		
	50%	60%	70%	50%	60%	70%
道缺失地震数据	19.941 5	20.789 4	22.601 3	19.470 9	20.544 6	21.623 3
双阈值重建算法	23.854 2	25.690 3	28.014 4	22.609 5	24.232 5	26.453 2
本节重建算法	24.262 7	26.431 4	28.531 8	23.307 7	25.311 6	27.247 0

5.6　本章小结

本章首先介绍了 Bregman 迭代算法,包括算法的相关概念、线性 Bregman 算法和分裂 Bregman 算法等,通过分析算法的优缺点得到改进的 Bregman 迭代算法。在 Bregman 迭代框架中,用软阈值作为阈值算子,并基于 $H-$curve 准则进行阈值参数选取,经过对比实验,算法对于地震图像重建有较好的视觉效果和较高的峰值信噪比。在此基础上,提出了改进型的基于 $k-$SVD 的分裂 Bregman 迭代算法,通过实验说明该算法适用于地震数据的重建问题。在分裂 Bregman 迭代框架中,采用 $k-$SVD 算法进行自适应字典训练,提高了地震数据重建的准确性。由实验结果可以看出,相对于第 3 章的双阈值软迭代算法,结合 $k-$SVD 的分裂 Bregman 迭代算法的重建地震数据,其 PSNR 值提升了 0.408 5～1.079 1 dB。相对于原始的道缺失采样地震数据,两幅图像 PSNR 值的提升均为 5.0 dB 左右,并且从重建图像中可以明显观察出算法能更好地重建图像的纹理,能更精确地还原地震数据的原貌。

第6章 基于压缩感知观测矩阵的地震数据重建

观测矩阵的选取在压缩感知中是至关重要的。本章对几类常用的随机矩阵和确定性矩阵进行比较,包括哈达马矩阵、伯努利矩阵、高斯随机矩阵、托普利兹矩阵和部分傅里叶矩阵,重点说明广义轮换观测矩阵,然后将它们应用到压缩感知中,并对地震图像进行重建对比实验。

6.1 压缩感知观测矩阵介绍

运用压缩感知理论进行地震图像重建,是把维度是 m 的观测图像 f 通过观测矩阵 $\boldsymbol{\Phi}$ 进行稀疏分解,从而变成恢复长度为 n 的真实图像。由于 m 远小于 n,这是数学中常说的欠定问题,因此其求解的过程就是解欠定线性方程组。观测矩阵需具有三个特征才能够满足 RIP 条件,这三个特征是:观测矩阵的列向量要有线性独立性;观测矩阵的列向量要有独立随机性;满足稀疏度的解必须是满足 l_1 范数最小的向量。

6.2 地震图像重建常用的观测矩阵

通常使用最多的矩阵是随机观测矩阵,最近新兴的矩阵有确定性观测矩阵和部分随机观测矩阵。

6.2.1 随机观测矩阵

随机观测矩阵是最常用的观测矩阵,它通过少量的采样值重建出比较完整的图像,不过它在硬件实现方面有些困难,这是源于它自身的不确定性,即存储矩阵不稳定,这对于地震图像的重建有很大的影响。随机观测矩阵的典型代表是高斯随机观测矩阵和伯努利随机观测矩阵等。

高斯随机观测矩阵是这类矩阵的代表,矩阵 $\boldsymbol{\Phi} \in \mathbf{R}^{m \times n}$,全部元素是独立的,服从均值为 0、方差为 $1/\sqrt{m}$ 的高斯分布。经过理论证明,它满足 RIP 条件,与很多稀疏矩阵都不相关。当 u 为长度是 n、稀疏度是 K 的可压缩信号时,高斯随机观测矩阵只要满足 $m \geqslant cK\log(n/K)$,就能满足 RIP 性质,精准地重建出原始地震图像。其中,c 是很小的常数。

伯努利随机观测矩阵的构造方式是 $\pmb{\Phi} \in \mathbf{R}^{m \times n}$,全部元素都独立地服从对称伯努利分布,它的随机性也很强。经过理论证明,它满足 RIP 条件。伯努利随机观测矩阵与高斯随机观测矩阵具有很强的相似性,所以也常用在实验中。

6.2.2 确定性观测矩阵

确定性观测矩阵需要的存储空间更少,它很容易完成硬件实现,不过它也有一些问题。一些实验表明,当使用确定性观测矩阵对地震图像重建时,视觉效果较差。为提高视觉效果就必须增加观测值的数量,最终的峰值信噪比也比较低。确定性观测矩阵的典型代表是多项式观测矩阵。

多项式观测矩阵根据多项式来确定观测矩阵每一列非零元素的个数和位置,要求测量数 $m = p^2$,p 是多项式集合元素的个数。其构造过程如下。

假设有限域是 F,元素个数是 p。根据有限域定义,F 中元素的取值是 $\{0, 1, 2, \cdots, p-1\}$。对于所有给定的实数 r,P_r 是多项式集合,这些多项式的最高次幂小于或等于 r,$Q(x) = a_0 + a_1x + a_2x^2 + \cdots + a_rx^r$,$Q(u) \in P_r$,$\{a_0, a_1, \cdots, a_r\}$ 是 $Q(x)$ 的系数,范围是 F,$a_0 \in F$,$a_1 \in F$,$a_2 \in F$,$\cdots$,$a_r \in F$,多项式个数 $n = p^{r+1}$。定义零矩阵 $\pmb{E}$ 大小为 $p \times p$,因为是零矩阵,所以零矩阵 $\pmb{E}$ 中所有的元素值均为 0。令零矩阵 $\pmb{E}$ 的位置为 $\{(0,0),(0,1),(0,2),(0,3),(0,4),\cdots,(p-1,p-2),(p-1,p-1)\}$。矩阵 $\pmb{E}$ 的任意列的任意位置插入数值 1,它的插值方式是将 $x \to Q(x)$ 视为 $F \to F$ 的映射,多项式 $Q(x)$ 的自变量和函数都在 F 里取值,$(x, Q(x)) \in \{0,1,2,\cdots,p-1\}$。矩阵 $\pmb{E}$ 的第 u 列的第 $Q(u)$ 个位置的值从 0 变为 1,将矩阵 $\pmb{E}$ 转变成列向量 $\pmb{v}_Q$,其大小是 $m \times 1$,并且 $m = p^2$。从向量 $\pmb{v}_Q$ 的起始位置开始,前 p 个元素里有 1 个 1,前 $2p$ 个元素中有 2 个 1,前 $3p$ 个元素中有 3 个 1,最终推出 $\pmb{v}_Q$ 共有 p 个 1。因此,当取完所有的多项式系数后,共有 $n = p^{r+1}$ 个这样的列向量 $\pmb{v}_Q$。由这 n 个列向量构成的矩阵就是 $\pmb{\Phi}_0$,大小是 $m \times n$,$m = p^2$,$n = p^{r+1}$,其测量数为 $m = p^2$,构造矩阵具有高复杂度和长时间。确定性观测矩阵精准重建所用的测量值多,重建效果比随机观测矩阵要差。

6.2.3 部分随机观测矩阵

部分随机矩阵不仅有部分随机性,而且有一定的确定性,易于硬件实现。

过去,部分随机观测矩阵的主要代表是部分正交矩阵,经过研究,部分哈达马矩阵也逐渐被科研人员使用。目前,托普利兹矩阵和轮换观测矩阵是最常用的矩阵。

部分正交观测矩阵的构造方式是首先生成 $n \times n$ 的正交矩阵 $\boldsymbol{U}$,在矩阵 $\boldsymbol{U}$ 中随机地选取 m 行向量,然后再对 $m \times n$ 矩阵的列向量单位化,最后得到观测矩阵。理论证明,它满足 RIP 条件,在矩阵大小不变的前提下,要使图像精确重建,它的稀疏度 K 满足

$$K \leqslant c \frac{1}{\mu^2} \frac{m}{(\log_2 n)^6} \tag{6.1}$$

式中,$\mu = \sqrt{M} \max_{i,j} |U_{i,j}|$,$\mu = 1$ 时,该矩阵为部分傅里叶矩阵,是复数矩阵,其稀疏度满足 $K \leqslant c \frac{m}{(\log_2 n)^6}$。理论证明,复数矩阵也可以是观测矩阵,但是通常为方便应用,只选择实部为观测矩阵。

托普利兹矩阵和轮换观测矩阵的构造方法是首先生成向量 $\boldsymbol{\mu} = (\mu_1, \mu_2, \cdots, \mu_n) \in \mathbf{R}^n$,并使 $\boldsymbol{\mu}$ 进行 m 次循环($m < n$),然后再构造 $m-1$ 行向量,最后归一化列向量,获得观测矩阵 $\boldsymbol{\Phi}$。$\boldsymbol{\mu}$ 的值为 ± 1,所有元素均独立地服从伯努利分布。该矩阵的生成是经过行向量的循环移位,循环移位容易在硬件中实现。

部分哈达马观测矩阵的构造方法是首先生成大小为 $n \times n$ 的哈达马矩阵,接着在生成矩阵中随机地选取 m 行向量,从而构成 $m \times n$ 的矩阵。由于该矩阵的行向量与列向量是正交的,在取其中的 m 行后,其行向量还是可以保持部分正交和非相关性,因此重建效果很好。其缺点在于该矩阵的 n 值要满足 $n = 2^k (k = 1, 2, 3, \cdots)$,这在很大程度上限制了它的应用范围。

6.3　广义轮换观测矩阵

部分哈达马矩阵和多项式矩阵都对信号的长度及信号的测量数有一定限制,所以一般都采用托普利兹矩阵作为确定性观测矩阵。轮换观测矩阵是托普利兹矩阵的变形形式,它的构造方式是首先随机生成长度为 n、元素值为 $\{-1, 1\}$ 的向量,然后将其作为观测矩阵的第 1 行,接下来进行循环,循环得到第 2 行、第 3 行,最终得到第 m 行,即

$$R = \begin{bmatrix} 1 & -1 & -1 & \cdots & 1 & -1 & -1 \\ -1 & 1 & -1 & -1 & \cdots & 1 & -1 \\ -1 & -1 & 1 & -1 & -1 & \cdots & 1 \\ 1 & -1 & -1 & 1 & -1 & -1 & \cdots \\ 1 & -1 & -1 & 1 & -1 & -1 & \cdots \end{bmatrix}_{m \times n} \qquad (6.2)$$

轮换观测矩阵采用第一行循环的方法生成后 $m-1$ 行。轮换观测矩阵不同于托普利兹矩阵，它的构造向量只要求存储长度为 n，这样比存储长度为 $m+n-1$ 的构造向量要节约空间。一般托普利兹矩阵有个特点，它的每一行中第一个元素值都是随机得到的，一般为 1 或 -1，所以一般托普利兹矩阵与轮换观测矩阵性质相似。

观测矩阵一般要满足三个特征：第一个特征是列向量要有随机性；第二个特征是列向量要符合线性独立；第三个特征是符合稀疏度的解是 l_1 范数最小的向量的要求。然而，托普利兹矩阵和轮换观测矩阵却有两点不足：第一点不足是托普利兹矩阵和轮换观测矩阵的组成元素是 1 或 -1，重复出现的概率很高，容易导致列向量间存在很强的相关性；第二点不足是构造过程为单一行循环方式，列向量很难体现独立随机性。

针对以上两点不足，对轮换观测矩阵进行两方面改进：一方面是提高列向量之间的非线性相关性；另一方面是提高列向量的独立随机性。通过前面小节对特殊矩阵构造方法的论述，本章根据轮换矩阵的构造过程调整观测矩阵部分元素的系数，提高了列向量之间的非相关性和独立随机性，构造了广义轮换观测矩阵。

广义轮换观测矩阵的构造过程与轮换观测矩阵不同，它是在循环构造 $m-1$ 行时，对每次移到前面的元素都乘以一个特定的系数 $a(a>1)$，c_1，$c_2, \cdots, c_n \in C$，其具体形式是

$$C = \begin{bmatrix} c_1 & c_2 & c_3 & \cdots & c_n \\ ac_n & c_1 & c_2 & \cdots & c_{n-1} \\ ac_{n-1} & ac_n & c_1 & \cdots & c_{n-2} \\ \vdots & \vdots & \vdots & & \vdots \\ ac_2 & ac_3 & ac_4 & \cdots & c_1 \end{bmatrix} \qquad (6.3)$$

通过广义轮换观测矩阵的结构能够得出，因为对部分矩阵元素添加系数 a，所以加大了列向量之间的非线性相关性，同时使用广义轮换观测矩阵作为观测矩阵对地震图像有特别的性质，即基于能量分布的非均匀采样特性。

6.4　实验结果及分析

选取 Curvelet 变换作为稀疏基,Bregman 迭代算法作为重建算法,分别采用上述五种矩阵作为观测矩阵,对地震图像进行重建实验,测试不同采样率下重建地震图像的峰值信噪比。图 6.1 所示为采样率为 25% 时应用五种观测矩阵重建的地震图像实验结果。可见,选择广义轮换矩阵作为观测矩阵时,地震图像的重建质量优于高斯随机矩阵 3.2 dB,优于伯努利随机矩阵 3.1 dB,优于多项式观测矩阵约 2.5 dB,优于部分正交观测矩阵 3.8 dB。

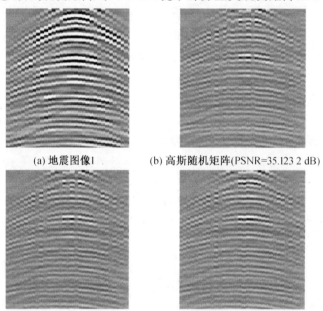

(a) 地震图像1　　　　(b) 高斯随机矩阵(PSNR=35.123 2 dB)

(c) 伯努利矩阵(PSNR=35.234 2 dB)　(d) 多项式观测矩阵(PSNR=35.760 3 dB)

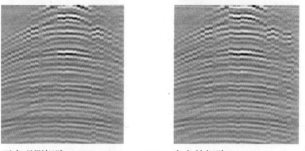

(e) 部分正交观测矩阵(PSNR=34.564 3 dB) (f) 广义轮矩阵(PSNR=38.343 6 dB)

图 6.1　采样率为 25% 时应用五种观测矩阵重建的地震图像实验结果

(g) 地震图像2   (h) 高斯随机矩阵(PSNR=31.982 6 dB)

(i) 伯努利矩阵(PSNR=31.458 3 dB) (j) 多项式观测矩阵(PSNR=32.960 4 dB)

(k) 部分正交观测矩阵(PSNR=31.493 1 dB)(l) 广义轮换观测矩阵(PSNR=34.403 3 dB)

续图 6.1

    地震图像应用五种观测矩阵实现重建的 PSNR 值对比见表 6.1。可以看出,使用广义轮换矩阵作为观测矩阵实现地震图像重建的 PSNR 值比使用其他方案提高了 1.5~3.6 dB。

表 6.1　地震图像应用五种观测矩阵实验重建的 PSNR 值对比　　单位:dB

所用矩阵	地震图像 1			地震图像 2		
	15%	25%	35%	15%	25%	35%
高斯随机矩阵	31.114 2	35.123 2	37.012 7	27.295 9	31.982 6	34.135 2
伯努利随机矩阵	32.236 5	35.234 2	37.960 5	28.796 5	31.458 3	34.376 5
多项式观测矩阵	33.953 2	35.760 3	38.503 9	29.674 3	32.960 4	35.940 3
部分正交观测矩阵	32.432 5	34.564 3	37.650 4	28.482 9	31.493 1	35.593 2
广义轮换观测矩阵	34.049 5	38.343 6	40.859 4	30.493 8	34.403 3	37.068 4

　　采样率为 15%～65% 时,应用五种观测矩阵地震图像重建的性能比较如图 6.2 所示,比较标准采用 PSNR 值。结果表明,当采用广义轮换矩阵作为观测矩阵时,地震图像重建效果均好于其他四种方案,从而验证了该算法的有效性与稳定性。

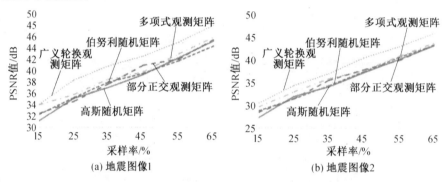

(a) 地震图像1　　　　　　　　　(b) 地震图像2

图 6.2　应用五种观测矩阵地震图像重建的性能比较

6.5　本章小结

　　本章研究了几种常用的观测矩阵,包括哈达马观测矩阵、伯努利随机观测矩阵、高斯随机观测矩阵、托普利兹矩阵和部分傅里叶观测矩阵。本章重点研究了广义轮换观测矩阵,其作为观测矩阵具有很强的列非相关性,通过修改观测矩阵每一行的前半段部分元素系数,加大了列之间的非相关性,同时修改系数值 $a>1$,强化了对低频段的采样。最后进行地震图像重建对比实验,发现广义轮换观测矩阵作为观测矩阵,具有很强的稳定性,重建效果比较好。

第7章 地震数据去噪方法与数据增强

在地震记录中,随机噪声的去除一直是勘探地震数据处理领域的重点研究问题。随机噪声表现为杂乱无章的振动,频带很宽且无确定的视速度,很难通过噪声估计来进行有效压制。为更好地去除随机噪声,本章通过分析地震数据随机噪声的特点,研究一种适用于去除随机噪声的卷积神经网络结构,以实现地震数据中的随机噪声的有效去除。

7.1 地震噪声的特征

通过地震波传播获取的波场信息往往由很多信号分量组成,如反射波、直达波、转换波、透射波等。这些分量包含许多反应地下介质特性的信息,但由于受到外界环境和施工等因素的影响,因此采集到的地震数据常常受到随机噪声污染,地震道集合中部分地震信号分量被其他信号分量覆盖,观测得到的地震道集携带了随机噪声和各种分量信号的波场记录。随机噪声(不规则噪声)是地震勘探中不可避免且不具有固定频率及传播方向的一类干扰波。根据随机噪声的产生原因,其可分为环境噪声、次生噪声和系统噪声三大类,下面对这三类噪声的产生原因进行简要分析。

7.1.1 环境噪声

环境噪声主要由自然外力和动力机械引起的噪声构成。自然外力噪声是通过空气流动直接或间接产生的噪声,如风吹草动、河水流动、地壳运动、人类及动物活动等;动力机械噪声是施工时由一些外部机械作业干扰等造成的。环境噪声的特点表现为杂乱无章的振动,噪声频谱较宽,因激发、接收瞬间周围条件的不确定性,所以强度大小不稳定。针对环境噪声,可以通过调整时间在人少时进行施工、提高警戒的同时转移地震信号接收点的位置及将检波器埋得更深等方式来减弱环境噪声的干扰。

7.1.2　次生噪声

次生噪声是在介质中激发和传播过程中产生的地震波。次生噪声的特点表现为次生噪声随着地下介质的不同而不同,同时也随激发接收因素的变化而变化。这些介质的固有振动构成低频背景,其主频为 5～30 Hz,相关半径为 6～12 m,形成振幅很强的低频不规则振动行为。次生噪声的强弱主要由激发条件因素影响。次生噪声的压制具有极大的难度,在频率域中可观察到次生噪声并不是一个平稳的随机过程,它的能量强度也随着时间的推移和炮检距的增加而降低,这使得地震资料质量逐渐进行衰减。

7.1.3　系统噪声

系统噪声是地震仪器、采集站及模拟电子工具等设备在工作过程中所产生的噪声,其噪声能量强弱主要取决于采集设备好坏。与外部噪声的地震记录相比,采集设备所引起的系统噪声振幅值要小很多,频谱也较宽,因此影响可以忽略不计。系统噪声的特点是在不同频率域的影响下,相同系统噪声的振幅值相对稳定。根据系统噪声完全随机的特性,可以通过多次叠加的方式进行去噪。

上述介绍的地震数据的随机噪声是影响地震记录信噪比的重要因素,其在产生机理、表现形式、频率特性和能量方面具有着变化各异、规律性不强的特性。

7.2　地震资料常用的去噪方法

在地震勘探作业环境中,基于外部噪声源所产生的随机噪声,研究发展了多种能够稳定去除地震噪声的方法。同时,勘探学者们一直研究提高偏移成像的质量,以获取高质量地震数据的方法。

7.2.1　地震数据去噪效果的衡量标准

地震数据去噪效果的好坏可通过主观评价和客观评价两种方法来衡量,进而对一个去噪算法的结果进行科学的评估。主观评价可对恢复结构进行视觉上的直观判断,这也是最常见的一种评估手段,但其缺点是易受到观察者主观因素的影响;客观评价主要通过计算公式进行量化的方式来衡量地震数据质量的好坏,这种方法的优点在于成本低、易实现,但其缺点是无法考虑人类的视觉特点。

这里将以主观评价和客观评价相结合的方式,验证地震数据去噪的效果。客观评价采用 PSNR 值作为评价依据,通过去噪后的地震图像偏离原始地震图像的误差程度来衡量去噪后的地震数据质量。PSNR 值的计算公式为

$$\text{PSNR} = 10 \times \lg \frac{Q^2 \times M \times N}{\sum\limits_{i=1}^{M} \sum\limits_{j=1}^{N} (f(i,j) - \widehat{f}(i,j))^2} \tag{7.1}$$

PSNR 值是信号处理领域常用的一种客观衡量标准。式(7.1) 中,f 表示原始地震图像;$\widehat{f}$ 表示去噪后待评价的地震图像;Q 表示图像的灰度级数;M 和 N 分别表示地震图像的长和宽。PSNR 值是一个表示信号最大可能功率和影响它表示精度的破坏性噪声功率的比值的工程术语。由于许多信号都有非常宽的动态范围,因此 PSNR 值常用对数分贝单位来表示。

7.2.2　地震数据常用去噪方法

目前,在地震数据处理中存在多种常用的地震数据去噪方法,主要包括变换域去噪方法、滤波式去噪方法及综合性算法去噪方法等。

1. 变换域去噪方法

变换域去噪是目前使用最广泛的一种方法,针对地震勘探所采集到的地震数据进行相应的变换,在变换域下观察有效信号与噪声的差异,对存有差异的系数进行重构处理,达到去噪的效果。常用的变换域去噪技术有 K-L 变换、傅里叶变换、局部离散余弦变换、小波变换、Curvelet 变换等。这些方法在地震数据去除噪声中都有着不错的效果,但也存在着许多的弊端。例如,最常用的小波变换去噪方法虽然可以对一维地震数据进行少量的稀疏表示,对数据的稀疏重构也有不错的效果,但对于高维情况的地震数据却无法进行很好的表达。这种基于变换域的去噪方法需预先选择和固定适用的参数,才能将数据转换到不同的域进行数据处理,使动态数据结构缺乏适应性。

2. 滤波式去噪方法

首先采用合适的滤波方法在滤波域内求取滤波因子,再对地震集记录的频谱进行卷积。滤波式地震数据去噪中常分为三类:频率域滤波法、频率波数域滤波法和空间域滤波法。常用滤波式去噪技术包括中值滤波法、维纳滤波法、频率滤波法、$f-k$ 域预测滤波法、$F-X$ 域反褶积法、聚束滤波法等。地震数据主要在空间域、频率波数域或频率域,采用滤波手段对地震数据中存在的有效信号和噪声的差异进行处理,以消除其噪声。滤波式去噪虽然能取得理想的应用效果,但它对地震数据有效波要求具有一定的相似性,也就是地震记录必须达到一定的信噪比才能运用滤波式去噪技术。当噪声水平较高时,

使用滤波式去噪方法对地震数据去噪会抹掉地震记录细节和边缘信息不会有效去除噪声,该方法存在一定的局限性。

3.综合性算法去噪方法

采用滤波和变换域相结合的方式来实现综合性算法,在空间域利用结构相似性进行聚类,基于聚类结果进行变换以达到更好的低秩化效果,能很好地处理地震数据的特殊特征,可以精确地分离信号和噪声。常用综合性算法去噪技术包括多项式拟合法、相干加强法、奇异值分解法、反偏移法、独立分量分析法、经验模态分解法、自适应学习字典法等,这类方法通常利用地震有效信号与随机噪声在各道之间的相关性差异来去除噪声,改善地震数据的信噪比。综合性算法主要处理向量值的输入数据,向量化预处理存在破坏局部近似度,产生地震数据的对象结构被破坏的情况。综合性算法还存在计算复杂度高的缺点。

分析地震数据常用去噪方法时发现这些常用的去噪方法均是根据某种噪声的特点设计出符合该噪声特点水平估计的去噪技术,需要人工选取数据和调整参数对地震数据去噪。但地震数据中噪声水平往往分布不均,且噪声频带范围与信号相似,这些方法也只能大致地去除噪声的主要能量。人们希望研究一种能够自适应消除地震数据随机噪声的方法,自主地寻找最佳方案,更加彻底地去除噪声,保留更多有效信号,提高地震资料的质量。

随着深度学习技术的迅猛发展,特别是 AlphaGo 在人机对弈中取得胜利,深度学习的研究热潮被推向了一个新高度。这种基于多层来挖掘数据的算法的特点在于能够自动检测数据特征,并更抽象地表示输出信号。卷积神经网络作为深度学习领域最流行的网络结构,在自然图像去噪领域已取得显著的应用效果。本章将卷积神经网络应用到地震数据处理中,研究一种地震数据随机噪声去除的方法。

7.3 地震数据的结构

地震数据是通过地震勘探技术,在野外待勘探区域地表处布置测线,人为布置炮点,使震源爆炸产生的脉冲在地下地层以冲击波的形式传播,最终采集折射传播回至地面的地震波信息,并运用地震探测仪以规定的采样间隔记录采集到的地震波。地震探测仪观测一条测线的二维纵测线观测形式如图 7.1 所示。

图 7.1　地震探测仪观测一条测线的二维纵测线观测形式

　　当一个炮点对应一个接收点时,通过采集信号可获得一道地震记录,其产生过程如图 7.2 所示,该数据在时间－空间域中构成以时间为分量的一维数组。在一条测线下单炮点与单接收点所采集的一道数据如图 7.3 所示。

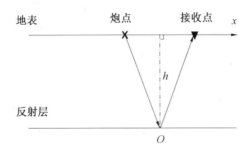

图 7.2　一道地震数据产生过程

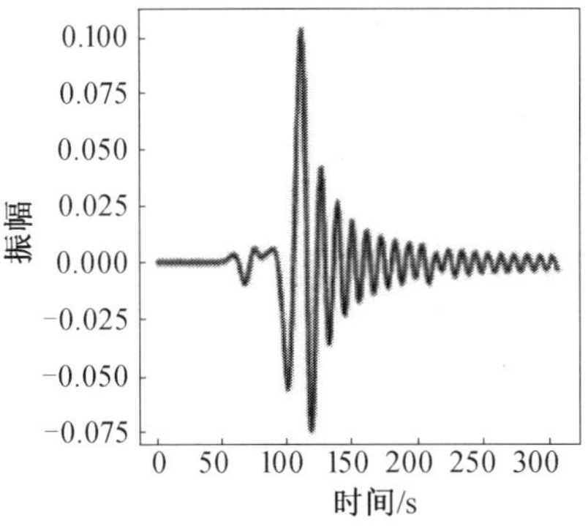

图 7.3　在一条测线下单炮点与单接收点所采集的一道数据

　　在一条测线下,一个炮点对应多个接收点,通过采集信号可获得一组二维数据矩阵,该数据以接收点为编号,以时间为分量,存储在地震记录中。地震记录上相邻地震道地震波相同相位的连线定义为同相轴,又称波峰或波谷。

不同类型的传播产生不同的波峰和波谷,这是在地震剖面上识别各种波的主要依据。图7.4所示为在一条测线下单炮点与多个接收点所采集的数据,在时间剖面上的反射波振幅、同相轴及波形本身包含了地下地层的构造和岩性信息。

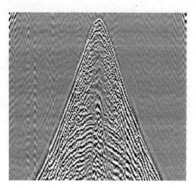

图 7.4　在一条测线下单炮点与多个接收点所采集的数据

在地震勘探中激发地震波时,因激发、接收条件及自然环境的影响,所采集到的地震数据中既有有效波也有干扰波。这些数据均以二进制文件的形式存放在 SEG-Y 格式的文件中,该格式为国际存储石油地震数据磁带记录的标准数据格式。SEG-Y 格式存储的地震数据文件方式是将信息和数据按照字节顺序逐一进行存放,文件中每个字节都有其特定的含义,它属于典型的流式文件。SEG-Y 格式的地震数据文件通常由卷头信息和地震道文件两部分组成。标准 SEG-Y 格式地震数据存储结构示意图如图 7.5 所示。

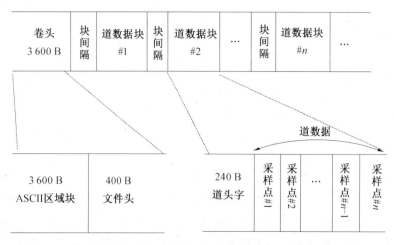

图 7.5　标准 SEG-Y 格式地震数据存储结构示意图

卷头信息存放 3 600 B 的标识信息,其中有 3 200 B 的二进制码,该部分主要记录工区相关信息,在读取时可忽略。在 400 B 的文件头中包含采样间隔、每道数据采样点数、测线号、道长和编码格式等,这些用来存储描述 SEG－Y 格式地震数据文件的关键信息。这些信息在文件头的位置通常是固定的,在读取数据时也是从这个文件头开始的。

地震道文件是实际的地震道,常以地震道为单位来存储地震数据,包含地震采样的点数、频率等关键信息。由多个地震数据道组成一个地震道文件,每条地震道由 240 B 的道头和地震道数据构成。道头信息中保存了对应道的道间变化信息和用于处理道识别的关键参数信息,这些信息的位置是不固定的,如测线号、该道的采样点数和时间、测线内总道数等信息。地震道数据实际上是按一定的时间间隔对地震信号的波形进行取样,再将这一系列的离散振幅值通过 SEG－Y 格式记录下来的一组二维矩阵。

7.4　地震数据的获取

上文已对 SEG－Y 格式文件的地震数据结构进行了介绍。由于不能对 SEG－Y 格式文件直接进行观察,因此可将地震数据调入内存,通过读取 SEG－Y 格式文件来获取实际地震勘探数据,从而实现地震数据可视化。地震数据为大量抽象的数据,数据存储时表面看似杂乱无章,其实数据与数据之间都隐藏着规律。只有将这些海量的数字信息转换成可视化图像,才能观察到数据中隐含的特征,更直观地理解地质构造及数据变化趋势。利用 Matlab 软件工具编写程序,将 SEG－Y 格式文件转化成可以用 Matlab 进行处理的 dat 文件。通过 Matlab 图形数据处理方法能够直观精确地显示地震剖面图,实现数据可视化,为地震数据各种分析和处理提供便利。下面将介绍地震数据转换为可视化地震剖面图的方法和技巧。

首先用 Seisee 软件分析器分析 SEG－Y 格式地震数据参数,该软件的作用在于更直观地显示 SEG－Y 格式中的地震剖面相关的道数、采样点数、重要参数等相关信息。图 7.6 所示为 Seisee 软件可视化 SEG－Y 格式地震数据的实例图。

由于该软件只能查看 SEG－Y 格式中的参数,不能对其进行任何处理操作,因此采用 Matlab 编程的方式,结合该软件上显示其相关的参数信息,确保程序读取正确,实现 SEG－Y 格式转换为数据显示结构,建立出可视化、易处理的地震剖面图。图 7.7 所示为 Matlab 读取 SEG－Y 格式文件构成地震剖面的流程图。

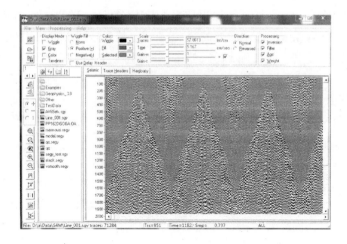

图 7.6　Seisee 软件可视化 SEG－Y 格式地震数据的实例图

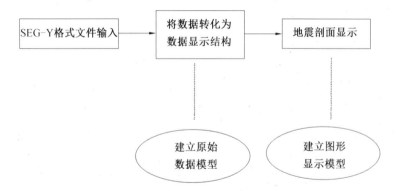

图 7.7　Matlab 读取 SEG－Y 格式文件构成地震剖面的流程图

　　为更好地实现模型的去噪性,选用两种地震数据来建立地震数据集:一种是合成的地震数据 Shots 数据集;另一种是 SEG(勘探地球物理学会)公开版的实际二维地震数据集。合成的 Shots 数据为干净无噪声数据,运用该数据作为分析和测试本章算法更具有高效性。SEG 数据是实际地震勘探中获取的数据,数据中含有效信号和干扰信号,可以运用该数据来验证本章算法的适用性。

　　以 SEG－Y 格式数据文件的 Shots 数据集读取为例,进行地震数据可视化说明。根据 Seisee 分析器分析 SEG－Y 格式数据文件头中的参数,通过 SEG－Y 数据结构读取卷头信息,获取样点数和每个样点的字节数。对每一道地震道字节位置的计算公式为

$$TraceCount=(filevalue-3\ 600)/(240+Samplenumber\times4) \quad (7.2)$$

式中,filevalue 表示总文件字节数;TraceCount 表示总道数;Samplenumber 表示采用数。利用 Matlab 中的 read_segy_file 函数,通过式(7.2)读取地震数据,再将读取的数据以 plot 函数形式进行可视化。通过 Matlab 来读取 SEG-Y格式地震数据文件,生成地震剖面图像,既便于进行数据处理,又能观察地震数据的去噪效果。图 7.8(a)所示为真实数据 SEG 剖面图像,图 7.8(b)所示为合成数据Shots 剖面图像。

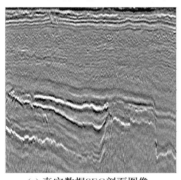 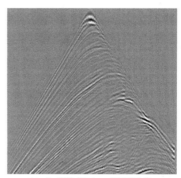

(a) 真实数据SEG剖面图像   (b) 合成数据Shots剖面图像

图 7.8　Matlab 读取地震数据的剖面图像

7.5　数据集增强方法

由于地震数据采集成本巨大,因此获取的地震数据量是有限的。为有效解决这个问题,需要对数据集进行增强,获得更多训练样本,提高模型的泛化能力。本章运用数据集增强技术,通过数据裁剪、旋转、缩放、平移、加入高斯噪声扰动等方法来扩充数据集,弥补数据不足的问题。

7.5.1　扩充数据

地震数据集的地震剖面图中通常包含多个炮数据和多份样本。一份单炮数据指的是检波器接收到震源单次激发的地震数据,一份样本指的是单炮地震道的地震数据。为使生成的模型更具有去噪性,需通过裁剪来获取更多的数据,以增加数据集的多样性。在训练过程中,需要输入的样本尺寸保持一致,虽然可以采用压缩方式令每一个样本尺寸保持一致,但压缩会丢失部分信息。通过 Seisee 软件可以观察到,Shots 和 SEG 多炮数据集分别包含了 30 000多道地震道和 5 000 多道地震道。由于道数过大不宜做输入,因此需要对每份数据进行裁剪,使尺寸一致。裁剪获取的地震剖面图作为地震数据集导入到 Python 软件中,为后续训练网络和处理数据提供便利。利用图 7.9

所示的 SEG－Y 文件分析切割软件对多个炮数据和多份样本进行分割裁剪，将多炮数据切割为单炮数据，并将每一份单炮数据裁剪成 215×256 的切片图像来制作数据集。215×256 在切片中表示 215 道地震道，每一道地震道取 256 个样本点，裁剪的每份样本数据中每一道都含有地震波信息。最终将 Shots 地震道和 SEG 地震道共切割裁剪成 4 000 多个地震切片图像，导入到 Python 中作为训练样本训练网络。

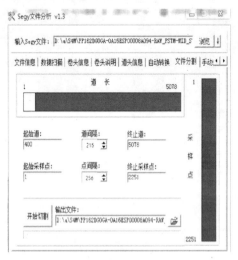

图 7.9　SEG－Y 文件分析切割软件

　　在卷积神经网络图像处理研究中，数据集均为万集以上数据。为更好地处理地震数据去噪，解决裁剪样本数量过少的问题，需对裁剪的样本数据进行扩充数据处理。地震数据值的大小代表振幅的强弱，正负表示振动的方向，其记录了检波点在平衡位置的振动情况。由于这些特征不会随着图形的变换而改变，因此波形在变换前后是相似的。根据这一情况，可以通过增强变换的方式对地震剖面图进行旋转、缩放、平移等几何变动，这些方法在不改变地震数据特征的同时达到了扩充数据的效果。运用 Python 编译器中的 NumPy 工具对地震剖面图进行旋转、缩放、平移来完成地震数据的扩充，最终由 4 000 多个训练样本扩充到 9 000 多个训练样本，完成地震数据的扩充，增强地震数据集。

7.5.2　加入高斯噪声扰动

　　在地震勘探数据处理研究中，研究人员常选用高斯白噪声加入地震数据中进行地震数据去噪处理研究。对地震数据加入噪声扰动的模型如图 7.10 所示。

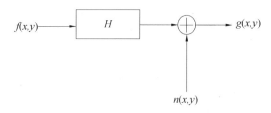

图 7.10 对地震数据加入噪声扰动的模型

图 7.10 中,描述空间能量分布的二维地震数据 $f(x,y)$,通过 H 构造噪声系统,引入高斯噪声 $n(x,y)$,最终获得含噪的地震数据 $g(x,y)$,即

$$g(x,y) = H[f(x,y)] + n(x,y) \tag{7.3}$$

简单化描述该公式则是

$$y = x + n \tag{7.4}$$

式中,y 表示含噪的地震数据;x 表示不含噪声干净的地震数据;n 表示地震数据中的所有噪声。高斯白噪声的幅度分布服从高斯分布,而它的功率谱密度又是均匀分布的,即噪声分布为 $n(0,\delta^2)$,其中 δ^2 为噪声方差。去噪过程是将含噪数据转换到变换域,对系数进行阈值操作,最后将系数重构回原信号空间域。为加强网络去噪性,采用添加噪声方差的方式到地震数据中,生成噪声强度不一的训练样本,使网络对不同的噪声方差具有较好的容忍度,既增强了数据集,又提升了去噪性。通过上述方法对 1 000 个地震数据加入不同噪声方差的高斯噪声扰动,生成 1 000 个含有不用程度噪声的训练样本来扩充地震数据集。以波形图的形式观察,对某一道地震道叠加噪声情况的实例如图 7.11 所示。

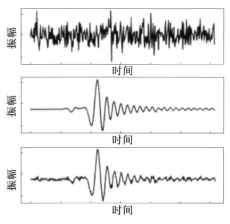

图 7.11 对某一道地震道叠加噪声情况的实例

7.6 训练数据的归一化

运用卷积神经网络对地震数据进行训练时,需保证数据具有相近的尺度,这样才能使梯度下降算法在训练网络模型时更快速地收敛,有效地训练网络参数。因此,在网络训练前,要先对输入的地震数据进行归一化处理,又称数据标准化。卷积神经网络对数据分布相对比较敏感,如果训练数据与测试数据分布不同,会使网络训练效率下降,收敛变慢,最终影响预测效果。

对原始的地震数据进行归一化处理,地震数据中含有样本点的振幅值,数值多为正负值,因此需先对每个数据取绝对值。设 x_i 为某一地震记录道的离散序列,求取振幅的绝对值为 $A_i = |x_i|$。再根据地震数据特征不变性的特点,对数据的每个维度的值进行调节,将地震数据变换到[0,1]和[−1,1]的范围内,实现对原始地震数据等比例缩放,随后计算每一个维度上数据的平均值和标准差。归一化计算公式为

$$A' = \frac{A_i - A_{min}}{A_{max} - A_{min}} \tag{7.5}$$

式中,A_i 表示每一道地震道样本点的绝对值;A_{max} 表示每一道地震样本点绝对值的最大值;A_{min} 表示每一道样本点绝对值的最小值。计算出每道地震数据的数值落在[0,1]之间。对一道地震数据的进行归一化处理,数据归一化波形图的变动情况如图7.12所示。

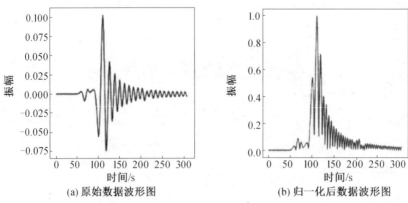

(a) 原始数据波形图　　　　　　(b) 归一化后数据波形图

图7.12　数据归一化波形图的变动情况

7.7　地震数据集的建立

选择用最佳的训练集和测试集是网络获得更好去噪性能的基础。通过读取 SEG－Y 文件获取实际地震勘探数据和合成的地震数据,采用上文增强数据集的方法来扩充 4 000 多个地震数据样本,使得数据集扩充至 10 000 多个地震数据样本。

将 10 000 多个地震数据样本分出 10 000 个训练集和 200 个测试集。由于地震数据量稀缺,因此将所有的数据都作为训练集,并建立两个地震数据集:一个是未加强的 4 000 多个训练样本的数据集;另一个是 10 000 多个训练样本的数据集。建立两个训练数据集的目的是验证训练数据量不同时网络的去噪效果。地震数据集划分形式如下:

训练样本为 4 000 的训练集,包含原始的 Shots 地震数据和 SEG 地震数据,其地震数据大小均为 215×256,将其命名为原始训练集。

训练样本为 10 000 的训练集,在原始的 4 000 个 Shots 和 SEG 地震数据基础基础上,加入采用旋转、缩放、平移扩充的 5 000 个变换数据,以及采用加噪后扩充的 1 000 个含噪 Shots 数据,来构建 10 000 个训练样本的数据集,其地震数据大小均为 215×256,将其命名为扩充训练集。

测试样本为 200 的测试集,则包含加入不同噪声方差的 Shots 地震数据和 SEG 地震数据,其地震数据大小均为 215×256。

采用卷积神经网络方法对地震数据进行去噪处理和去噪性能测试,需用到深度学习框架,常用的深度学习框架主要有 Caffe、Torch、Theano、Tensorflow、Keras 等,这些框架各有优缺点。例如,Caffe 具有处理速度快、方便调参和修改网络、开发性好等优点,但同时存在灵活性差的问题;Theano 集成了 NumPy,有广泛的单元测试、自我验证、可动态生成 C 代码等优势,但也存在调试困难、多态机制不灵活等不足。本章采用 Tensorflow 和 Keras 这两种框架搭建卷积神经网络结构,运用 Python 和 Matlab 两种编程语言编写地震数据去噪算法。

7.8　本章小结

本章首先介绍了地震勘探过程中产生随机噪声的原因,分析了噪声的特性,介绍了处理随机噪声的几种常用方法,并分析了这些方法存在的不足。通过分析地震数据结构,运用 Matlab 读取 SEG－Y 文件,以获取实际地震数据的方式来建立地震数据集。训练去噪模型需拥有大量的样本数据,面对地震数据量有限的问题,采用裁剪、旋转、缩放、平移及加噪扩充数据的方式来增强数据集,以便在训练网络时得到模型更强的去噪特性。运用训练数据归一化方法对地震数据进行预处理,以便训练出更好的网络参数,提高网络去噪性。本章内容为实施卷积神经网络训练学习算法奠定了基础。

第8章　基于卷积神经网络的地震数据去噪研究

　　针对常规地震数据去噪算法存在噪声估计不准确导致去噪不足及人工调参难的问题,提出一种结合批标准化、残差学习、自适应矩估计方法的DnCNN网络对地震数据去噪。利用卷积神经网络自动、高效、高精确度学习特征的能力,实现基于深度卷积神经网络的自适应地震数据去噪算法。本章将详细介绍采用DnCNN网络实现地震数据去噪的过程。

8.1　深度卷积神经网络地震数据去噪方法

8.1.1　残差学习

　　近几年卷积神经网络模型的突破性发展使网络的深度逐渐增加,通常网络的准确率会先上升到一定程度,然后达到饱和状态,但持续增加网络深度会造成准确率下降的情况。为解决这个问题,Kaiming He 等于 2005 年指出在增加层数构建深度网络时,增加网络层数会使网络表达能力增强,但也会出现网络退化的问题,因此提出了残差学习思想。在处理自然图像分类和目标检测问题时,运用残差网络能够提高模型的精度,直接学习堆叠层的残差映射可获得更好的效果。随后,Zhang 等通过分析残差学习与可训练的非线性反应扩散的联系,提出了一种基于残差学习的全卷积去噪网络(DnCNN)算法。DnCNN 算法基于神经网络和统计原理,采用了残差学习的概念,但仅用了单一的残差单元来学习残差的噪声和干净的图像。由于地震数据中的随机噪声衰减与图像去噪相似,因此 DnCNN 算法具有不引入额外的参数就可提高去噪性能的优势。本章将采用 DnCNN 结构中残差学习方法,并充分利用卷积神经网络模型的高度非线性特性,构建适用于去除地震数据随机噪声的DnCNN 模型。残差学习方法如图 8.1 所示。

　　假设 $F(x)$ 被认为是一个适合输入 x 与某些堆叠层的映射。残差学习方法并不是通过堆叠层逼近 $R(x)$,而是逼近残余函数 $F(x)$,使得堆积层在输入

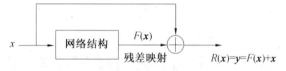

图 8.1 残差学习方法

特征基础上学习到新的特征。残差学习公式为

$$F(\boldsymbol{x}) = R(\boldsymbol{x}) - \boldsymbol{x} \tag{8.1}$$

原始函数 $\hat{\boldsymbol{x}}$ 的变化过程为

$$\hat{\boldsymbol{x}} = R(\boldsymbol{x}) + \boldsymbol{x} \tag{8.2}$$

地震数据去噪主要从频率、视速度、空间分布区域等方面区分有效波和干扰噪声,将含噪地震数据中的随机噪声去除,恢复地震数据。地震数据可以通过以下公式来描述,即

$$\boldsymbol{y} = \boldsymbol{x} + \boldsymbol{n} \tag{8.3}$$

式中,$\boldsymbol{y}$ 表示含噪的地震数据;$\boldsymbol{x}$ 表示不含噪声干净的地震数据;$\boldsymbol{n}$ 表示地震数据中所有的噪声。地震数据去噪算法最终目标是运用 DnCNN 精确地从含噪数据 $\boldsymbol{y}$ 中恢复出干净数据 $\boldsymbol{x}$,得到原始数据的一个估计 $\hat{\boldsymbol{x}}$,且 $\hat{\boldsymbol{x}} \approx \boldsymbol{x}$。这里将采用 DnCNN 的残差学习方法对地震数据进行残差预测处理,使含噪地震数据中的噪声和有效信号进行分离。根据深度学习的基本思想,遵循式(8.3)从 $\boldsymbol{y}$ 中恢复出理想地震数据 $\boldsymbol{x}$,使用以下公式建立 $\boldsymbol{x}$ 和 $\boldsymbol{y}$ 之间的关系,即

$$\boldsymbol{x} = \mathrm{Net}(\boldsymbol{y};\theta), \theta = \langle \boldsymbol{W},b \rangle \tag{8.4}$$

式中,Net 代表神经网络结构,相当于一个去噪算子;$\theta = \langle \boldsymbol{W},b \rangle$ 代表网络参数;$\boldsymbol{W}$ 代表加权矩阵;b 代表偏差。最终求得的残差可用作输出,即

$$\boldsymbol{y} - \boldsymbol{x} = R(\boldsymbol{y};\theta) \tag{8.5}$$

式中,R 代表残差学习;$R(\boldsymbol{y};\theta)$ 是计算受污染数据 $\boldsymbol{y}$ 的噪声观测值。进行残差优化,由含噪地震数据得到的随机噪声估计值与其期望值的均方差平均值计算公式为

$$\varphi(\theta) = \frac{1}{2N} \sum_{i=1}^{N} \| R(\boldsymbol{y}_i;\theta) - (\boldsymbol{y}_i - \boldsymbol{x}_i) \|_{\mathrm{F}}^{2} \tag{8.6}$$

式中,$\boldsymbol{y}_i(i=1,2,\cdots,N)$ 为 N 个含噪的地震数据训练样本;$\boldsymbol{x}_i(i=1,2,\cdots,N)$ 为 N 个不含噪的原始地震数据训练样本;$\| \cdot \|_{\mathrm{F}}^{2}$ 代表 Frobenius 范数。在 DnCNN 训练过程中,利用式(8.6)做残差计算,得到训练参数 θ,不断训练优化该参数,使最终输出随机噪声 $R(\boldsymbol{y}) \approx \boldsymbol{n}$。DnCNN 残差方法不仅解决了反向更新梯度消失的问题,而且精度也随着网络加深而有所提高。通过

DnCNN 残差方法来去除噪声干扰和增强有效波能量，减少了特征提取过程中有效信息的损失。

8.1.2　梯度下降方法

梯度下降法常用于优化卷积神经网络的深层网络训练。随机梯度下降法 (Stochastic Gradient Descent，SGD) 是优化神经网络最常用的一种梯度下降法方法，但 SGD 训练方法存在难以选取合适的学习率，更新参数方向有时会产生大量震荡的问题，加剧了训练求取最小化目标函数 θ 的难度。本章采用自适应矩估计 (Adaptive Moment Estimation，Adam) 算法对参数进行更新。Adam 优化算法是随机梯度下降算法的扩展式，近年来广泛用于计算机视觉和自然语言等处理任务。Adam 算子对每一个参数都自动计算合适的学习率，解决了难以选择网络学习率的问题。用 Adam 算子进行求解某一神经元的权重时，第 t 次迭代后的值 θ_t 的更新过程为

$$\boldsymbol{m}_t = \beta_1 \boldsymbol{m}_{t-1} + (1-\beta_1)\boldsymbol{g}_t \tag{8.7}$$

$$\boldsymbol{n}_t = \beta_2 \boldsymbol{n}_{t-1} + (1-\beta_2)\boldsymbol{g}_t^2 \tag{8.8}$$

式(8.7)和式(8.8)为 $\boldsymbol{m}_t$ 和 $\boldsymbol{n}_t$ 的更新。式中，$\boldsymbol{g}_t$ 表示一阶导；β_1 和 β_2 表示衰减因子，控制指数衰减；$\boldsymbol{m}_t$ 是梯度的指数移动均值，通过梯度的一阶矩求得；$\boldsymbol{n}_t$ 是平方梯度，通过梯度的二阶矩求得。可以通过计算偏差校正的一阶矩二阶矩估计值来抵消偏差，即

$$\hat{\boldsymbol{m}}_t = \frac{\boldsymbol{m}_t}{1-\beta_1^t} \tag{8.9}$$

$$\hat{\boldsymbol{n}}_t = \frac{\boldsymbol{n}_t}{1-\beta_2^t} \tag{8.10}$$

式中，$\hat{\boldsymbol{m}}_t$ 为 $\boldsymbol{m}_t$ 的校正，$\hat{\boldsymbol{n}}_t$ 为 $\boldsymbol{n}_t$ 的校正。通过上述公式更新参数，生成了 Adam 的更新规则。Adam 更新公式为

$$\theta_{t+1} = \theta_t - \frac{\hat{\boldsymbol{m}}_t}{\sqrt{\hat{\boldsymbol{n}}_t}+\varepsilon}\eta \tag{8.11}$$

式中，η 表示学习率，它是决定训练过程达到最小值或局部最小值所采用步长的大小。Adam 算子对更新的步长计算，能够从梯度均值及梯度平方两个角度进行自适应地调节，而不是直接由当前梯度决定，解决了网络对大量训练样本梯度下降时产生的计算耗时量过大，参数更新后获得局部最优而不是全局最优的问题。本章在构造地震数据去噪模型中引入 Adam 算子来优化网络训练，使目标函数更好地达到收敛。

8.1.3 批标准化

输入数据在模式分类中的作用与数据的范围大小有关,数据范围过大或过小都会导致卷积神经网络在训练过程中的收敛出现问题。2015 年,Ioffe 和 Szegedy 提出了批标准化(Batch Normalization,BN)来解决上述问题,使神经网络在训练时提升训练处理速度。考虑到批标准化在卷积神经网络的优越性,本章采用批标准化用于地震数据去噪。在实现数据批标准化之前,需要对某一个层网络的输入数据预处理,其归一化公式如下:

$$x^{(k)} = \frac{x^k - E(x^k)}{\sqrt{\text{var}[x^k]}} \tag{8.12}$$

式中,$E(x^k)$ 指的是每一批训练数据神经元 x^k 的平均值;$\sqrt{\text{var}[x^k]}$ 表示每一批数据神经元 x^k 激活度的一个标准差。归一化层中的每个输入有时会改变数据应该表示的特征,为使每层数据分布的特征不变,引入可学习参数 γ、β,这是实现数据变换重构算法关键之处,其公式为

$$y^{(k)} = \gamma^{(k)} x^{(k)} + \beta^{(k)} \tag{8.13}$$

$$\gamma^{(k)} = \sqrt{\text{var}[x^k]}, \beta^{(k)} = E(x^k) \tag{8.14}$$

式(8.13)中,通过引入参数,使每一个神经元 x^k 都会有一对这样的参数 γ、β,来恢复出原始的某一层所学到的特征。通过引入可学习重构参数 γ、β,使网络可以学习恢复出原始网络所要学习的特征分布,也使特征具有缩放和平移不变的特性。BN 网络层的前向传导过程公式为

$$\mu_B \leftarrow \frac{1}{m} \sum_{i=1}^{m} x_i \tag{8.15}$$

$$\sigma_B^2 \leftarrow \frac{1}{m} \sum_{i=1}^{m} (x_i - \mu_B)^2 \tag{8.16}$$

$$\hat{x}_i \leftarrow \frac{x_i - \mu_B}{\sqrt{\sigma_B^2 + \varepsilon}} \tag{8.17}$$

$$y_i \leftarrow \gamma \hat{x}_i + \beta = \text{BN}_{\gamma, \beta}(x_i) \tag{8.18}$$

批标准化常作用于网络中的非线性映射单元之前,通过改变激活输入值的分布,使激活输入值落在非线性函数对输入比较敏感的区域,以此避免梯度消失情况发生。Zhang 结合批标准化与残差学习的方法对图像去噪,提升了网络的去噪性能,使网络训练更具有稳定性。本章构造地震数据去噪模型时,在卷积层与 ReLU 激活函数之间加入批标准化,充分利用批标准化与残差学习互补的优势来构造去噪模型,加快网络收敛速度,提高网络去噪性能。

8.2　深度卷积神经网络的结构

采用 DnCNN 结构中残差学习、批标准化、自适应矩估计等方法来构造地震数据去噪模型。地震数据去噪的 DnCNN 结构放弃了传统卷积神经网络结构中的全连接层和池化层。在 DnCNN 结构中,第 1 层由卷积(Conv)和修正线性单元(ReLU)组成,其中 Conv 采用 64 个 3×3 卷积核来实现卷积层的特征提取;第 2~16 层由多个构建块组成,每个构建块都包含卷积(Conv)、批量归一化(BN)和修正线性单元(ReLU),同样,Conv 采用 64 个 3×3×1×64 的卷积核;而最后一层由一个卷积(Conv)构成,采用的是 1 个 3×3×64 大小的卷积层进行残差训练,输出为去噪后的地震记录。DnCNN 网络训练地震数据去噪的流程示意图如图 8.2 所示。

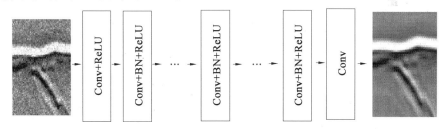

图 8.2　DnCNN 网络训练地震数据去噪的流程示意图

在构建深度 DnCNN 结构中,通过测试不同深度来观察地震数据去噪情况。本章选用四种不同深度的 DnCNN 模型来测试网络的去噪性能。利用扩充训练集分别训练深度为 12 层、15 层、17 层和 19 层的 DnCNN 网络,生成不同程度的 DnCNN 去噪模型,分别对噪声水平为 25% 的地震数据去噪,并求峰值信噪比。深度不同时 DnCNN 的去噪情况见表 8.1,可以观察到在网络深度为 17 层时,峰值信噪比已到达一个稳定的状态。因此,本章选择 17 层作为 DnCNN 的网络深度。

表 8.1　深度不同时 DnCNN 的去噪情况

网络深度	PSNR/dB			
	12 层	15 层	17 层	19 层
噪声水平为 25%	23.452 3	26.904 6	28.274 4	28.173 7

8.3 网络参数

根据构建完成的 DnCNN 去噪网络结构,需要对实验中网络参数进行设置,实现网络去噪。首先在 DnCNN 结构中,卷积层中网络深度数(Depth)设置为 17,卷积核个数(Filters)设置为 64,卷积核大小(Kernel)设置为 3×3,其步长(Strides)设置为 1,将自适应矩估计的学习率(Adam)设置为 0.001。目前为止,设置网络参数没有固定的标准规则,均由前人的总结以经验来设置参数值。而本章构造的 DnCNN 地震数据去噪模型属于自适应调参形式,因此只需要设置初始参数即可。

在网络学习训练中构建一个好的去噪模型,选择合适的训练样本数量尤为重要。针对地震数据量不足的问题,第 7 章中采用了多种扩充数据方法来增强数据集。为验证 DnCNN 对于增强后的训练集,在地震数据去噪时效果更好,将原始训练集和扩充训练集分别对 DnCNN 网络进行训练,生成两种不同程度的 DnCNN 去噪模型。运用测试集对这两种模型进行测试,观察地震剖面图的去噪效果。对训练样本的训练迭代次数进行设置。迭代是一种重复反馈的动作,在神经网络中只有多次进行迭代训练,才能达所需的目标或结果。通常一次迭代等于使用多个样本训练一次,得到的结果都会作为下一次迭代的初始值。本章将相关的迭代参数设置为:批尺寸大小(batch_size)为 128,迭代次数(iteration)为 2 000,时期次数(epoch)设置为 500,使迭代中每个回合进行 2 000 个迭代共完成 500 个回合,从而开始去噪模型的训练。随着迭代次数的增加,去噪的效果会趋向一个稳定的结果。运用测试集对训练完成的两种 DnCNN 模型进行对 30% 噪声水平的地震数据去噪,不同的训练样本数去噪后地震数据的 PSNR 值见表 8.2。

表 8.2　不同的训练样本数去噪后地震数据的 PSNR 值

构建去噪网络的训练样本数量	PSNR/dB ($\sigma=30\%$)
4 000 个训练样本的原始训练集	24.116 5
10 000 个训练样本的扩充训练集	26.609 1

利用生成的两种不同去噪强度的 DnCNN 模型,对噪声水平为 30%、道数为 215 道、采样点为 256 个的 marmousi 地震记录进行地震数据去噪(图 8.3)。观察去噪后的地震剖面图(图 8.3(c)和图 8.3(d))发现,图 8.3(c)

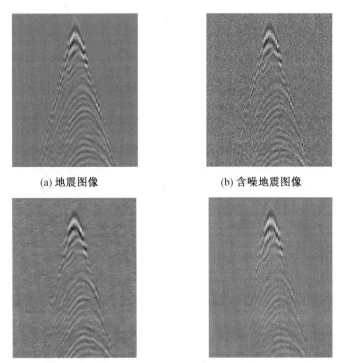

(a) 地震图像　　　　　　　　　　(b) 含噪地震图像

(c) 4 000个样本去噪图像(PSNR=24.116 5 dB)　(d) 10 000个样本去噪图像(PSNR=26.609 1 dB)

图 8.3　训练样本数不同的去噪模型对地震数据去噪效果

的地震剖面图中还存有大量的随机噪声,纹理细节信息难以辨别;图 8.3(d)
的地震剖面图中随机噪声消除较干净,纹理信息显示清晰,易被识别。观察表
8.2 去噪后的 PSNR 值可以看出,扩充训练集生成的 DnCNN 去噪模型信噪
比值较高。分析训练样本数量不同时生成模型的去噪效果,证明了运用扩充
训练集训练生成的 DnCNN 去噪模型,其去噪效果要优于原始训练集训练生
成的 DnCNN 去噪模型,同时验证了本章增强数据集的重要性。

8.4　实验结果及分析

8.4.1　marmousi 地震数据去噪

marmousi 地震数据是一种由地震勘探专家合成的地震数据,该数据专门
为地震数据处理研究者们提供,运用合成数据进行实验的测试可更高效地完
成项目的研究。本章利用 marmousi 地震数据对构建的模型进行去噪测试,
使用小波变换、曲波变换、VGGNet 去噪模型及本章的 DnCNN 去噪模型,分

别对 marmousi 地震数据添加噪声水平为 20％、25％、30％的干扰噪声进行去噪实验。利用上述方法,对噪声方差为 30％的 marmousi 地震数据去噪后的地震剖面图如图 8.4 所示。

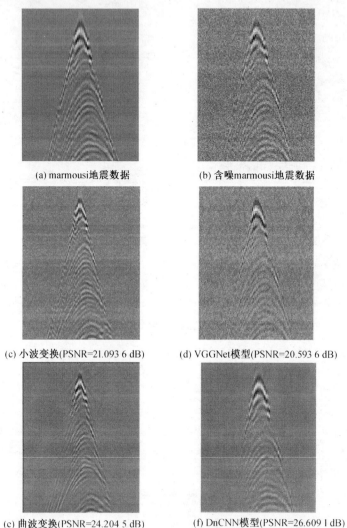

(a) marmousi地震数据   (b) 含噪marmousi地震数据

(c) 小波变换(PSNR=21.093 6 dB)   (d) VGGNet模型(PSNR=20.593 6 dB)

(e) 曲波变换(PSNR=24.204 5 dB)   (f) DnCNN模型(PSNR=26.609 1 dB)

图 8.4　对噪声方差为 30％的 marmousi 地震数据去噪后的地震剖面图

运用小波变换、曲波变换、VGGNet 网络、DnCNN 去噪模型对不同噪声水平的 marmousi 地震数据去噪。利用小波变换和 VGGNet 模型去噪得到图 8.4(c)和图 8.4(d)的地震剖面图,观察发现地震剖面图中还存有大量的随机噪声,地震记录中的有效信号被噪声覆盖。VGGNet 是传统的卷积神经网

络,多用于识别、分类等。通过去噪实验,观察到 VGGNet 具有一定的去噪能
力,但去噪效果较弱。因此,本章采用结合残差学习、批标准化和自适应矩估
计等方法的 DnCNN 网络对 Shot 地震数据去噪,观察图 8.4(f)的地震剖面
图,发现随机噪声被有效去除,有效信号很好地显现出来。本章采用 DnCNN
比传统卷积神经网络 VGGNet 去噪效果更好,同时证明了残差学习、批标准
化和自适应矩估计的方法能够更好地提高地震数据去噪性。观察图 8.4(e)
曲波变换去噪后得到的地震剖面图,发现曲波变换能够很好地消除随机噪声,
但去噪后使地震记录过度平滑,造成大量纹理信息丢失。相较而言,本章的
DnCNN 去噪模型仅有少量的纹理细节信息丢失,在突出有效信号的同时使
纹理信息更清晰。应用四种去噪方法对 marmousi 地震图像去噪的 PSNR 值
见表 8.3,本章采用 DnCNN 去噪的 PSNR 值要高于其他几种方法。对合成
的地震数据进行去噪测试,验证了本章采用 DnCNN 的去噪算法更具高效性。

表 8.3　应用四种去噪方法对 marmousi 地震图像去噪的 PSNR 值　单位:dB

方法	marmousi 地震数据		
	$\sigma=20\%$	$\sigma=25\%$	$\sigma=30\%$
小波变换	24.804 8	22.810 5	21.093 6
VGGNet 去噪模型	22.300 4	21.486 0	20.593 6
曲波变换	26.376 1	25.173 4	24.204 5
本章构建的 DnCNN 去噪模型	28.370 3	28.274 4	26.609 1

8.4.2　SEG 地震数据去噪

　　SEG 地震数据是勘探地球物理学会公开的实际二维地震数据,数据中含
有地震勘探所获取的真实的干扰噪声和有效信号。用合成的地震数据测试去
噪算法的有效性,再用实际的地震数据验证去噪算法的适用性,用这种测试方
式来提高研究的效率。本章利用 SEG 地震数据对构建的模型进行去噪测试,
使用小波变换、曲波变换、VGGNet 去噪模型及 DnCNN 去噪模型,分别对
SEG 地震数据进行去噪实验。因为实际地震数据没有绝对干净的数据,所以
不使用计算峰值信噪比的方式来衡量去噪效果。本章运用去噪后的地震剖面
图和噪声的差剖面图来衡量去噪效果。

　　运用小波变换、曲波变换、VGGNet 去噪模型及本章构建的 DnCNN 去噪
模型对 SEG 地震数据去噪,并对不同方法去噪后的地震剖面图和噪声差剖面
图进行分析(图 8.5)。运用小波变换对 SEG 地震数据去噪,观察图 8.5(b)和

图 8.5(c)发现,有效信号不能完全显现出来,随机噪声未得到彻底去除。运用 VGGNet 模型和曲波变换对 SEG 地震数据去噪,观察图 8.5(d)和图 8.5(f)发现,VGGNet 去除随机噪声情况要比曲波变换更彻底,使地震剖面图更干净。但观察图 8.5(e)和图 8.5(g)发现,曲波变换去噪丢失的有效信号要比 VGGNet 少。运用 DnCNN 模型对 SEG 地震数据去噪,观察图 8.5(h)和图 8.5(i)发现,随机噪声不仅能够被有效去除,有效信号也能很好地显现出来。观察图 8.5(g)和图 8.5(i)的噪声差剖面图,可以看出本章的 DnCNN 模型去噪只有小部分边缘纹理特征的丢失,证明本章的 DnCNN 去噪方法要比曲波变换去噪效果更好。实验表明,本章构建的 DnCNN 去噪模型在实际地震数据去噪中有较强的去噪效果,纹理特征丢失较少,同相轴清晰,整个剖面显得干净。

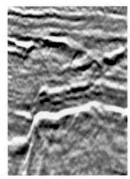

(a) SEG地震图像

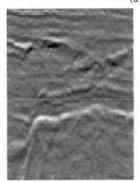

(b) 小波变换去噪

(c) 小波变换去除的随机噪声

图 8.5　SEG 地震数据去噪及差剖面效果图

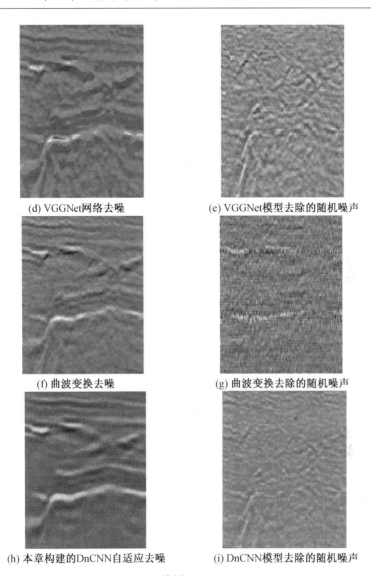

(d) VGGNet网络去噪　　　　　　　(e) VGGNet模型去除的随机噪声

(f) 曲波变换去噪　　　　　　　(g) 曲波变换去除的随机噪声

(h) 本章构建的DnCNN自适应去噪　　　　(i) DnCNN模型去除的随机噪声

续图 8.5

8.5　本章小结

　　本章针对传统地震数据去噪方法存在的不足,采用 DnCNN 网络中残差学习、批标准化、自适应矩估计的方法构建地震数据去噪模型。通过对网络深度、训练集、网络参数进行优化来提高模型去噪性,实现一种基于深度卷积神经网络的自适应地震数据去噪算法。对合成的地震数据和实际的地震数据进行测试,验证了本章构建的 DnCNN 去噪模型优于小波变换、曲波变换及传统卷积神经网络 VGGNet 模型的去噪方法,比传统的曲波去噪法提高了 2 dB 的信噪比,证明了在地震数据去噪中本章构建的 DnCNN 去噪模型的有效性和适用性。

第9章 基于空洞卷积神经网络的地震数据去噪研究

第 8 章通过采用 DnCNN 网络,实现了一种基于深度卷积神经网络的自适应地震数据去噪算法,该算法在去除随机噪声和保留有效波方面优于传统的去噪方法。但采用 DnCNN 去噪后,地震记录中仍然有部分纹理特征丢失,而这些纹理特征是判断油气储藏位置的关键。因此,本章针对这一问题,在 DnCNN 结构基础上进行改进,通过引入空洞卷积代替部分传统卷积,构建一种基于空洞卷积网络的地震数据去噪算法。

9.1 空洞卷积神经网络的去噪方法

DnCNN 去噪模型虽然能够大量地去除地震数据中的随机噪声,但 DnCNN 无池化层的全卷积网络结构导致了内部数据结构和空间层级化信息的丢失,使地震数据去噪后,造成少部分纹理特征丢失的问题。针对这一问题,对上文构建的 DnCNN 去噪模型进行改进,实现一种既能消除大量的随机噪声,又能完好地保留有效信号的算法。

通常情况下,要想使卷积神经网络在训练数据时重要的特征不被忽略,需要拥有更大的感受域来识别数据中的特征。较大的感受域可以捕获更多的上下文信息。一般来说,有两种方法可以增加感受域:一种最简单的方法是堆叠几个卷积层,但这种方法前面已经进行过测试,选择的是网络中最优深度层次,只有该层次才能使地震数据去噪达到最佳效果;另一种是对卷积层中的卷积滤波器进行改进,常用 3×3 滤波器,用这种滤波器使每层的感受野大小只增加 2 倍。2015 年,Yu 和 Kolton 等提出空洞卷积(Dilated Convolution),它是卷积的一种变体,可以在不增加可学习权重数量的情况下使卷积操作获得更大的感受野。在不牺牲分辨率或覆盖率的前提下,开发了一个用于密集预测的卷积网络。采用扩张卷积法,能多尺度地结合上下文信息,提高了最先进的语义分割方法的准确性。空洞卷积成功的主要原因是扩大了卷积的感受域,使卷积神经网络可以观察到更多的相关信息,为卷积神经网络扩大感受范

101

围提供了一种简单而有效的方法。因此,将空洞卷积方法引入到构建的 DnCNN 框架中,以空洞卷积代替部分传统卷积,为网络提供更大的感受野,使地震数据的内部数据结构保留更多有效信息,并避免丢失大量有效信息的情况发生。实现空洞卷积方法如下。

对地震数据特征进行训练时,需利用卷积层中卷积核进行卷积操作,实现地震数据的特征映射。其步骤是先将输入的地震记录设为 $\boldsymbol{X} \in \boldsymbol{R}^{N_1 \times N_2}$,其中 N_1 表示地震记录中时间方向的采样点的个数,N_2 表示地震道集数。卷积神经网络最主要特点在于能够自动学习地震记录,并抽象表示其深度特征。设地震记录进行卷积通道的特征映射为 $h \times w$,经过下一层的卷积通道的特征映射为 $h' \times w'$,通过下式的空洞卷积操作获得输入地震记录的特征,即

$$\boldsymbol{x}_{\mu,\nu} = f\Big(\sum_{i=-k'_h}^{k'_h} \sum_{j=-k'_w}^{k'_w} \boldsymbol{W}_{k'_h+i,k'_w+j}\boldsymbol{X}_{\mu+\sigma i,\nu+\sigma j} + b\Big)$$

$$k'_h = \frac{k_h-1}{2}, k'_w = \frac{k_w-1}{2} \tag{9.1}$$

式中,k_w 和 k_h 分别表示卷积核的高度与宽度;$\boldsymbol{X}_{\mu,\sigma}$ 表示输入的基本元素;σ 表示空洞因子。当 $\sigma=1$ 时,式(9.1)是一个标准的卷积操作。

图 9.1(a)所示为覆盖 3×3 视野的典型卷积,图 9.1(b)所示为在经典卷积 3×3 的基础上增加了一个 r 参数的空洞卷积。当参数 r 表示卷积核的膨胀系数为 2 时,使卷积核的视野增大到 7×7。设卷积核大小为 $k \times k$,在空洞卷积膨胀系数为 r 的情况下,其空洞卷积感受野大小 ν 的表达形式为

$$\nu = [(r-1) \times (k+1) + k] \times [(r-1) \times (k+1) + k] \tag{9.2}$$

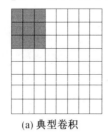 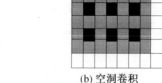

(a) 典型卷积　　　　　　　　(b) 空洞卷积

图 9.1　不同的卷积操作

通过卷积操作,运用激活层的激活函数 $f(\cdot)$,这里采用 ReLU 激活函数作为地震记录特征映射的桥梁,计算表达式为

$$f(u) = \max(0,u) \tag{9.3}$$

空洞卷积网络采用的 ReLU 函数如图 9.2 所示,图中横坐标 u 表示上一层网络的输出,纵坐标 $f(u)$ 表示当前网络的输出。通过空洞卷积去噪实验可以

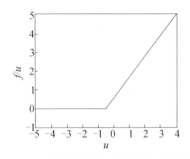

图 9.2　空洞卷积网络采用的 ReLU 函数

观察到,当输入 $u > 0$ 时,激活函数的输出与输入均相等,否则输出值均为 0,因此应用 ReLU 函数,网络不会出现因输入增大而趋于饱和的现象。

空洞卷积的优点是能够通过扩展感受野获取更多样本中的细节纹理特征。事实上,使用大尺寸的滤波器也可以扩大感受野。研究者们常想用一个具有大尺寸滤波器的单个卷积层来替换多个扩张卷积层,如两个 2 倍膨胀的 $3×3$ 滤波器可被一个 1 倍膨胀的 $9×9$ 滤波器代替。但是,在实践中不使用这种方法替换 $3×3$ 的滤波器。首先,深入学习时,小尺寸滤波器的卷积层需要多个激活层来增加更多的非线性,使模型具有识别性。其次,使用较小尺寸的过滤器可大幅度减少模型参数的数量。最后,根据协方差分析理论,$3×3$已被证明是最有效的自然图像滤波器尺寸。因此,不使用大尺寸的滤波器,而是采用具有扩张卷积的小尺寸滤波器来扩大感受野。

本章构建一个空洞卷积神经网络去噪模型,是在第 8 章 DnCNN 去噪模型的基础上进行改进。在 DnCNN 模型中,残差学习用于噪声映射,提升网络去噪质量;批标准化用于调整和缩放激活值来规范化输入数据,使地震数据具有尺度不变性。采用线性校正单元来增加非线性。本章只针对卷积层内部进行改动,其去噪的思想不做变动。接下来将对空洞卷积的扩展率进行设置,选择合适的扩展率是有效提升地震数据去噪效果的关键。根据空洞卷积网络的扩张率设置方法,本章将选用三种现有的设置方案来设置扩展率,应用至构建的 DnCNN 网络中,将网络中 17 层卷积层的扩张率进行三种不同的设置。运用生成的三种模型对地震数据去噪,观察其 PSNR 值,选择最佳去噪效果的设置方法。第一种扩张率为 1,1,2,2,4,4,4,8,8,8,16,16,16,1,1,1,1,1;第二种扩张率为 1,1,2,2,4,4,2,2,1,1,1,1,1,1,1,1,1,1;第三种扩张率为 1,1,2,2,4,4,8,8,4,4,2,2,1,1,1,1。用扩充训练集对这三种方方案进行训练,并测试模型的去噪性。

采用三种不同的方案,对网络的扩张率进行设置,并使用扩充训练集来训练网络。利用生成的去噪模型对地震数据去噪,不同扩展率时网络的去噪性能见表 9.1。观察表 9.1 可以发现,在利用第二种扩展率时去噪效果最佳,该方案既能平衡网络深度,又能扩大感受野。当空洞因子作为卷积核时,可成为一个有效的稀疏滤波器,更利于对地震数据进行稀疏表示,获取更多地震数据的抽象特征。本章将选用第二种扩展率方案来设置本章的空洞卷积去噪网络。

表 9.1 不同扩展率时网络的去噪性能

网络深度	PSNR/dB		
	第一种扩张率	第二种扩张率	第三种扩张率
噪声水平为 25%	28.450 4	32.079 7	30.241 9

9.2 空洞卷积神经网络的结构

本部分主要对改进后的空洞卷积神经网络结构进行介绍,在残差学习和批正则网络基础上加入空洞卷积,构建一个深度空洞卷积神经网络的去噪模型。充分考虑含噪地震记录与残差之间的关系,扩大卷积视野,便于恢复地震记录中更多的细节纹理信息。空洞卷积网络结构图如 9.3 所示。

图 9.3 空洞卷积网络结构图

图 9.3 的结构与去噪网络一样,均为 17 层深度的网络模型。网络中包含卷积(Conv)、批量归一化(BN)与修正线性单元(ReLU)。本章改进的空洞卷积网络,将网络中的卷积(Conv)用空洞卷积(DConv)来代替,将含噪地震记录作为空洞卷积网络的输入层。

网络的第一层由 DConv 与 ReLU 组成,每个卷积层使用大小为 3×3 的卷积核,生成 64 个特征映射。在网络中,用空洞卷积层代替部分典型的卷积层,进行卷积操作获取的地震记录特征,通过加权的方式输入激活层,从而去除地震记录中的冗余,保留一定的纹理特征。针对神经网络对数据分布敏感的问题,训练数据的分布发生变动,最终导致网络训练效果差、收敛慢等情况发生,通过引入批标准化来保持输入地震记录的数据分布,可避免这类问题出现。第 2~16 层由 DConv、BN、ReLU 组成。最后一层由 DConv 组成,用于重建输出值。17 层网络的 DConv 扩张率设为 1,1,2,2,4,4,2,2,1,1,1,1,1,1,1,1,1。通过设置扩张率使其感受野增大,网络各层感受野分别为 3,5,9,13,21,29,33,37,39,41,43,45,47,49,51,53,55,来构建空洞卷积式模型。未改进的 DnCNN 网络由卷积核大小为 3×3 的 17 层卷积层构成,通过 $(k-1) \times l + 1$ 求得其感受野大小为 35×35,式中 k 表示卷积核大小,l 表示层数。扩张后的空洞卷积模型的感受野大小为 55×55。

9.3　网络参数

　　构建空洞卷积神经网络去噪模型,部分参数初始值设置不做变动,仅对卷积层参数设置进行变动。本章将充分介绍在网络中采用空洞卷积替代传统卷积的设置方法。在改进的空洞卷积结构中,网络深度(depth)设置为 17,表示该网络中包含 17 层卷积层;卷积层特征面(filters)设置为 64,通常以 2 的幂倍数形式存在,一般由人工设置完成。filters 过小会使在网络学习时忽略掉一些特征;filters 过大参数也会随之增多,训练时间也随之增长。本章的filters 设置是根据前人的经验来进行设置的。卷积层中的卷积核大小(kernel_size)设置为 3×3,为保证卷积前后输入与输出的数据大小保持一致,可将卷积核的步长(strides)设置为 1。卷积层中的激活函数选用 ReLU 函数,将网络参数的初始化偏置(use_bias)设置为 False,使网络权重参数运用小的随机数。学习率(learning_rate)是梯度下降的一个重要的参量。本章运用自适应矩估计法(Adam)作为梯度下降方法,learning_rate 设置范围一般在0.1~0.000 1。当 learning_rate 设置为 0.1 时,learning_rate 过大造成模型收敛难度增加,容易发散;当 learning_rate 设置为 0.000 1 时,learning_rate过小导致训练时间过长、收敛慢,长时间的缓慢学习使得参数更新过程中一直伴随着微弱的噪声。通过验证,将 Adam 的 learning_rate 设置为 0.001 时,网络训练效果最佳。本章将迭代周期(epoch_iter)设置为 2 000 次,将批量大小(batch_size)设置为 128。其中,batch_size 决定一次训练样本的数目,对模型的优化程度和速度有着一定的影响。本章对卷积层的扩张率(dilation_rate)进行设置,在网络中每层的 dilation_rate 设置为 1,1,2,2,4,4,2,2,1,1,1,1,1,1,1,1,1,将网络的感受野扩张到 55×55 的大小。完成网络结构搭建和网络参数设置后,还需要选择合适的训练样本数量来训练网络。训练样本数量的大小是模型处理任务的关键,分别用原始训练集和扩充训练集进行模型训练,并用测试集对生成的模型进行测试,训练样本数不同的去噪模型对地震数据去噪效果如图 9.4 所示,不同的训练样本数各地震数据去噪的 PSNR 值见表 9.2。

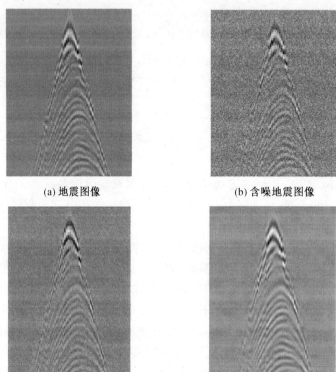

(a) 地震图像　　　　　　　　　(b) 含噪地震图像

(c) 4 000个样本去噪图像(PSNR=25.241 9 dB)　(d) 10 000个样本去噪图像(PSNR=31.292 3 dB)

图 9.4　训练样本数不同的去噪模型对地震数据去噪效果

表 9.2　不同的训练样本数各地震数据去噪的 PSNR 值

空洞卷积去噪网络样本数量	PSNR/dB ($\sigma=30\%$)
4 000 个训练样本的原始训练集	25.241 9
10 000 个训练样本的扩充训练集	31.292 3

通过不同的训练样本数量对空洞卷积网络进行训练,生成两种不同的去噪模型,对噪声水平为 30%、道数为 215 道、采样点为 256 个的 marmousi 地震记录进行地震数据去噪。利用原始训练集生成的去噪模型对地震数据去

噪,观察去噪后的地震剖面图(图 9.4(c))时发现,地震记录中还存有大量的随机噪声,剖面图中的纹理细节被干扰噪声覆盖,难以辨别有效信号。利用扩充训练集生成的去噪模型对地震数据去噪,观察图 9.4(d)可发现,地震记录中大量的随机噪声被消除,纹理信息显示清晰易被识别。观察表 9.2 去噪后的 PSNR 值可以看出,扩充训练集生成的空洞卷积去噪模型信噪比值较高。分析不同的训练样本数量所生成的模型不同的去噪效果,证明了运用扩充训练集训练生成的空洞卷积去噪模型,其去噪效果要优于原始训练集训练生成的空洞卷积去噪模型,同时证明了在构建数据集中,对训练数据集进行扩充和增强是实现模型高效去噪性的重要方法。

9.4　实验结果及分析

9.4.1　marmousi 地震数据去噪

本章利用合成的地震数据对构建的模型进行去噪测试,对 marmousi 地震数据添加噪声方差为 20％、25％、30％的噪声,使用小波变换、曲波变换、DnCNN 去噪模型及本章的空洞卷积去噪模型分别进行去噪。运用上述方法对噪声方差为 30％的 marmousi 地震数据去噪后的地震剖面图如图 9.5 所示。

对 marmousi 地震数据添加不同方差的噪声,构成不同噪声的地震记录。利用小波变换、曲波变换、DnCNN 去噪模型以及本章构建的空洞卷积去噪模型,去噪观察其峰值信噪比和地震剖面图。应用四种去噪方法对 marmousi 地震数据去噪的 PSNR 值见表 9.3。观察表 9.3 中不同去噪方法的 PSNR 值可以看出,本章构建的空洞卷积模型去噪能力要远高于小波和曲波去噪的方法,相比上一章 DnCNN 去噪模型提升了 4 dB 信噪比,空洞卷积去噪模型具有较强的去噪性。观察图 9.5 去噪后的地震剖面图,发现与其他几种去噪方法(图 9.5(c)、图 9.5(d)、图 9.5(e))相比,本章结合空洞卷积、残差学习、批标准化、自适应矩估计等方法构建的空洞卷积去噪模型,在地震数据去噪后,从地震剖面图 9.5(f)可看出,地震记录中大量的随机噪声被消除,剖面图更干净,并很好地保留了纹理信息,突出了有效信号。观察图 9.5(d)和图 9.5(f)的地震剖面图可以看出,本章构建的空洞卷积模型很好地弥补了 DnCNN 模型去噪后部分纹理信息易丢失的情况,从而验证了本章提出的空洞卷积去噪算法在对地震数据去噪时具有高效的去噪性。

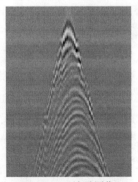

(a) marmousi地震图像

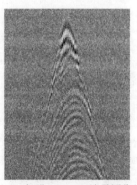

(b) 加噪marmousi地震图像

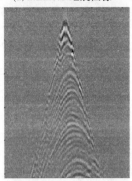

(c) 小波变换(PSNR=21.093 6 dB)

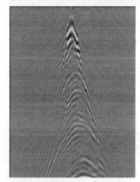

(d) DnCNN去噪模型(PSNR=26.609 1 dB)

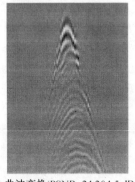

(e) 曲波变换(PSNR=24.204 5 dB)

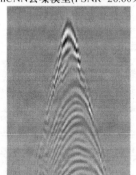

(f) 空洞卷积去噪模型(PSNR=31.292 3 dB)

图 9.5　对噪声方差为 30％的 marmousi 地震数据去噪后的地震剖面图

表 9.3　应用四种去噪方法对 marmousi 地震数据去噪的 PSNR 值 单位:dB

方法	marmousi 地震数据		
	$\sigma=20\%$	$\sigma=25\%$	$\sigma=30\%$
小波变换	24.804 8	22.810 5	21.093 6
曲波变换	26.376 1	25.173 4	24.204 5
DnCNN 去噪模型	28.370 3	28.274 4	26.609 1
空洞卷积去噪模型	32.519 2	32.079 7	31.292 3

9.4.2　SEG 地震数据去噪

本节运用小波变换、曲波变换、DnCNN 去噪模型及本章构建的空洞卷积去噪模型,对实际的地震数据去噪,验证本章去噪算法的适用性。利用去噪方法分别对 SEG 地震数据进行去噪实验,采用去噪后的地震剖面图和噪声的差剖面图来衡量去噪效果,SEG 地震数据去噪及差剖面效果图如图 9.6 所示。

运用小波变换、曲波变换、DnCNN 去噪模型及本章构建的空洞卷积去噪模型对 SEG 地震数据去噪,观察图 9.6 去噪后的地震剖面图和噪声差剖面图,并进行分析。观察图 9.6(h)和图 9.6(i)发现,本章空洞卷积模型能够较彻底地消除地震记录中的随机噪声,使剖面显得干净,同时能够将纹理的细节特征完好保留下来,使波动特征更加明显。通过观察图 9.6 不同去噪方法的去噪效果,明显地发现本章构建的空洞卷积模型在实际地震数据去噪中去除随机噪声和保留有效信号的效果更好。卷积神经网络高效自主的学习能力使地震数据更具有稀疏性。本章构建的空洞卷积网络中,批标准化的多尺度不变性和激活函数的非线性可使恢复地震数据更具有稳定性。通过残差学习的使用,地震数据具有更高效的去噪性。结合使用多种方法来构造空洞卷积神经网络,把训练生成的地震数据去噪模型应用至实际地震数据去噪中,从而验证了本章去噪算法的适用性和优越性。

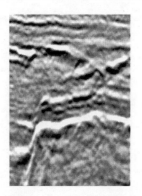

(a) SEG地震图像

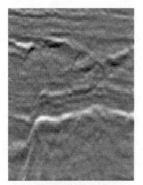

(b) 小波变换去噪

(c) 小波变换去除的随机噪声

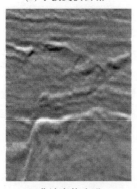

(d) 曲波变换去噪

(e) 曲波变换去除的随机噪声

图 9.6　SEG 地震数据去噪及差剖面效果图

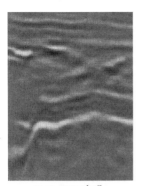

(f) DnCNN去噪

(g) DnCNN去除的随机噪声

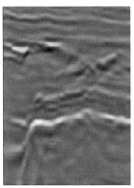

(h) 空洞卷积去噪

(i) 空洞卷积去除的随机噪声

续图 9.6

9.5　本章小结

本章提出了一种基于空洞卷积网络的地震数据去噪算法,来解决DnCNN去噪后部分纹理信息丢失的问题。通过引入空洞卷积至 DnCNN 结构中,采用扩大感受野的方式,获取更多地震记录的波动特征,增强网络的特征学习能力。运用空洞卷积改进 DnCNN 结构构建地震数据去噪模型。通过对网络扩展率、训练集、网络参数进行优化,提高模型去噪性,实现一种基于空洞卷积网络的地震数据去噪算法。对合成的地震数据和实际的地震数据进行测试,验证了本章构建的空洞卷积模型在地震数据去噪处理中的优越性。构建的空洞卷积去噪模型与 DnCNN 去噪模型相比,其 PSNR 值提高了 4 dB,验证了本章构建的空洞卷积模型更适用于地震数据去噪。

参 考 文 献

[1] 陆晓寒. 高分辨率地震勘探技术的应用[J]. 石油工业技术监督，2017,33
   (5):61-62.

[2] 熊翥. 地层、岩性油气藏地震勘探方法与技术[J]. 石油地球物理勘探，
   2012,47(1):1-18.

[3] DONOHO D L. Compressed sensing[J]. IEEE Transaction on Information
   Theory, 2006, 52(4):1289-1306.

[4] CANDES E J, MICHAEL B. An introduction to compressive sampling
   [J]. IEEE Signal Processing Magazine, 2008,25(2):21-30.

[5] VEDANTAM R, ZITNICK C L, PARIKH D. CIDEr: consensus based
   image description evaluation[J]. Proc. of the IEEE Conf. on Computer
   Vision and Pattern Recognition, 2015,22(5):1-9.

[6] CHEN X L, ZITNICK C L. Mind's eye: a recurrent visual representation for
   image caption generation[J]. Proc. of the IEEE Conf. on Computer
   Vision and Pattern Recognition, 2015,23(5):7-12.

[7] 蒋树强，闵巍庆，王树徽. 面向智能交互的图像识别技术综述与展望
   [J]. 计算机研究与发展，2016,53(1):113-122.

[8] 崔新宇. 基于多维压缩感知的视频流压缩[D]. 长春:吉林大学，2017.

[9] RUBINSTEIN R, ELAD M. Double sparsity: learning sparse dictionaries for
   sparse signal approximation [J]. IEEE Transactions on Signal Processing,
   2010,58(3):1553-1564.

[10] AHARON M, ELAD M, BRUCKSTEIN A. K-SVD: an algorithm for
   designing over complete dictionaries for sparse representation [J].
   IEEE Transaction on Signal Processing, 2006,54(11):4311-4322.

[11] CANDES E J, TAO T. Near-optimal signal recovery from random
   projections: universal encoding strategies[J]. IEEE Transaction on In-
   formation Theory, 2006,52(12):5406-5425.

[12] MALLAT S G, ZHANG Z. Matching pursuits with time-frequency
   dictionaries[J]. IEEE Transaction on Signal Processing, 1993,41(12):

3397-3415.

[13] ZHAO J X, SONG R F, ZHAO J, et al. New conditions for uniformly recovering sparse signals via orthogonal matching pursuit[J]. Signal Processing, 2015(5):106-113.

[14] ALLEN Y, YANG S, SHANKAR S, et al. Fast l_1-minimization algorithms and an application in robust face recognition: a review[J]. 2010 17th IEEE International Conference on Image Processing (ICIP), 2010(2):1849-1852.

[15] 张健,赵德斌. 基于分离 Bregman 迭代协同稀疏性的图像压缩感知恢复算法[J]. 智能计算机与应用, 2014(1):60-64.

[16] GOU F Y, LIU C, LIU Y, et al. Complex seismic wavefield interpolation based on the Bregman iteration method in the sparse transform domain[J]. Applied Geophysics, 2014,11(3):277-288,350-351.

[17] 郭念民,陈猛,冯雪梅,等. 基于压缩感知理论的地震数据重建方法[C]. 北京:SPG/SEG 国际地球物理会议, 2016.

[18] 白彩娟,刘静,蒋晓瑜,等. 迭代去噪收缩阈值算法重构压缩全息[J]. 上海交通大学学报, 2017,51(12):143-150.

[19] CANDES E J, DONOHO D L. New tight frames of curvelets and optimal representations of objects with C2 singularities [J]. Communications on Pure & Applied Mathematics, 2004, 57 (2): 219-266.

[20] CANDES E J, DONOHO D L. Curveletsa surprisingly effective non-adaptive representation for objects with edges[J]. Curves and Surface Fitting, 1999(2):105-120.

[21] STEPHANE G M. Multiresolution approximations and wavelet orthonormal bases of $L^2(R)$[J]. Transactions of the American Mathematical Society, 1989,315(1):69-87.

[22] MALLAT S G. Multi frequency channel decompositions of image and wavelet model [J]. IEEE Trans. ASSP, 1989,37(12): 2091-2110.

[23] MALLAT S G. A theory for multiresolution signal decomposition:the wavelet representation[J]. IEEE Trans. , 1989,11(7):674-693.

[24] GROSSMAN A, MORLET J. Decomposition of hardy functions into square integrable wavelets of constant shape[J]. SIAM Journal on Mathematical Analysis, 1984,1(5): 723-736.

[25] DAUBECHIES I. Orthonormal bases of compactly supported wavelets [J]. Communications on Pure and Applied Mathematics, 1988,41(1): 909-996.

[26] CHUI C K, WANG J Z. A general framework of compactly supported splines and wavelets[J]. Journal of Approximation Theory, 1992,71 (3):263-304.

[27] GOODMAN T N T, LEE S L. Wavelets of multiplicity [J]. Trans. Amer. Math. Soc. , 1994,342(1): 307-324.

[28] SWELDENS W. Wavelets and the lifting scheme: a 5 minute tour[J]. Zeitschrift Fur Angewandte Mathematic and Mechanic, 1996,76(2): 41-44.

[29] KINGSBURY N G. Image processing with complex wavelets[J]. Phil. Trans. Royal Society London Ser. , 1999,357(1):2543-2560.

[30] SELESNICK I W, BARANIUK R G, KINGSBURY N G. The dualtree complex wavelet transform a coherent framework for multiscale signal and image processing[J]. IEEE Signal Processing Magazine, 2005, 22 (6): 123-151.

[31] HINTON G E, OSINDERO S, TEH Y W. A fast learning algorithm for deep belief nets[J]. Neural Comp. , 2006,18(7):1527-1554.

[32] FUKUSHIMA K. Neocognitron: a self-organizing neural network model for a mechanism of pattern recognition unaffected by shift in position[J]. Biological Cybernetics, 1980,36(4):193-202.

[33] 张建明,詹智财,成科扬,等.深度学习的研究与发展[J].江苏大学学报,2015(2):191-200.

[34] KRIZHEVSKY A, SUTSKEVER I, HINTON G E. Imagenet classification with deep convolutional neural networks [J]. Advances in Neural Information Processing Systems, 2012,25(2):201-204.

[35] XU L, JIMMY S R, LIU C,et al. Deep convolutional neural network for image deconvolution [J]. Advances in Neural Information Processing Systems, 2014,2(1):1790-1798.

[36] LEFKIMMIATIS S. Non-local color image denoising with convolutional neural networks[C]. Hawaii: IEEE Conference on Computer Vision and Pattern Recognition (CVPR), 2017.

[37] XIE J, XU L, CHEN E. Image denoising and inpainting with deep

neural networks〔J〕. Advances in Neural Information Processing Systems, 2012, 25(1):341-349.

[38] VINCENT P, LAROCHELLE H, LAJOIE I, et al. Stacked denoising autoencoders: learning useful reoresentantions in a deep network with a local denoising criterion[J]. Journal of Machine Learing Reserach, 2010,11(1):3371-3408.

[39] HIRING K, STINCHCOMBE M, WHITE H. Multilayer feedforward networks areuniversal approximators〔J〕. Neural Networks, 1989, 2(4):303-314.

[40] HINTON G E, SRIVASTAVA N, KRIZHEVSKY A, et al. Improving neural networks by preventing co-adaptation of feature detectors〔J〕. Computer Science, 2012, 3(4):212-223.

[41] SZEGEDY C, LIU W, JIA Y, et al. Going deeper with convolutions [C]. Boston: 2015 IEEE Conference on Computer Vision and Partern Recognition (CUPR), 2015.

[42] ZHANG K, ZUO W. Beyond a Gaussian denoiser: residual learning of deep CNN for image denoising〔J〕. IEEE Transactions on Image Processing, 2017,26(7):3142-3155.

[43] DAS V, POLLACK A, WOLLNER U, et al. Convolutional neural network for seismic impedance inversion[J]. Geophysics, 2018,2(3): 2071-2075.

[44] 张波, 刘郁林, 王开. 稀疏随机矩阵有限等距性质分析[J]. 电子与信息学报, 2014,36(1):169-174.

[45] BARANIUK R. A lecture on compressive sensing[J]. IEEE Signal Processing Magazine, 2007,24(4):118-121.

[46] BARANIUK R, DAVENPORT M, DEVORE R, et al. A simple proof of the restricted isometry property for random matrices[J]. Constructive Approximation, 2008,28(3):253-263.

[47] ZHANG B C, JI S L, LI L, et al. Sparsity analysis versus sparse representation classifier[J]. Neurocomputing, 2016,171(10):387-393.

[48] HINTERMÜLLER M, PAPAFITSOROS K, RAUTENBERG C N. Analytical aspects of spatially adapted total variation regularisation[J]. Journal of Mathematical Analysis & Applications, 2017, 454(2): 891-935.

[49] 蒋沅，苗生伟，罗华柱，等. LP范数压缩感知图像重建优化算法[J]. 中国图象图形学报，2017,22(4):435-442.

[50] CHEN S S, DONOHO D L, SAUNDERS M A. Atomic decomposition by basis pursuit[J]. SIAM J. Sci. Comput. , 1999,20(1): 33-61.

[51] DAUBECHIES I, DEFRISE M, MOL C D. An iterative thresholding algorithm for linear inverse problems with a sparsity constraint[J]. Comm. Pure Appl. Math, 2004,57(11):1413-1457.

[52] 王冬冬，田干，杨正伟，等. 基于小波分解灰关联的热波检测图像增强[J]. 仪器仪表学报，2015,36(5):1086-1092.

[53] 陈繁昌，沈建红. 图像处理与分析:变分,PDE,小波及随机方法[M]. 北京:科学出版社,2011.

[54] SENDUR L, SELESNICK I W. Bivariate shrinkage functions for wavelet-based denoising exploiting interscale dependency[J]. IEEE Transactions on Signal Processing, 2012,50(11):2744-2756.

[55] CANDES E J, ROMBERG J, TAO T. Robust University Principles: exact signal reconstruction from highly incomplete frequency information [J]. IEEE Trans. Inform Theory, 2006,52(2):489-509.

[56] 徐明华，李瑞，路交通，等. 基于压缩感知理论的缺失地震数据重构方法[J]. 吉林大学学报(地球科学版)，2013,43(1):282-290.

[57] DUIJNDAM A J W, SCHONEWILLE M A, HINDRIKS C O H. Reconstruction of band-limited signals, irregularly sampled along one spatial direction[J]. Geophysics, 1999,64(1):524-538.

[58] TANG G, MA J W, YANG H Z. Seimic data denoising based on learning-type overcomplete dictionaries[J]. Applied Geophysics, 2012, 9(1):27-32.

[59] KONG L Y, YU S W, CHENG L, et al. Application of compressive sensing to seismic data reconstruction[J]. Acta Seismologica, 2012,34 (5):659-666.

[60] LI G, HUANG X, LI S G. Adaptive bregmanized total variation model for mixed noise removal[J]. AEU-International Journal of Electronics and Communications, 2017(80):29-35.

[61] KENNETH N. A note on the convexity of the Moore－Penrose inverse [J]. Linear Algebra and Its Applications, 2018,434(6):143-148.

[62] OSHER S, BURGER M. An iterated regularization method for total

variation based image restoration[J]. Multiscale Model Simul. , 2005, 4(1):460-489.

[63] NIKOLOVA M. Minimizeers of cost-functions involving non-smooth data fidelity terms[J]. SIAM Journal on Numerical Analysis, 2002,40 (2):956-994.

[64] NIKOLOVA M. A variational approach to remove outliers and impulse noise[J]. Journal of Mathematical Imaging and Vision, 2004,20(1): 99-120.

[65] YIN W T, OSHER S. Error forgetting of bregman iteration[J]. Journal of Scientific Computing, 2013, 54 (2):684-695.

[66] 刘争光,韩立国,张良,等. 压缩感知理论下基于快速不动点连续算法的地震数据重建[J]. 石油物探,2018,57(1):50-57,71.

[67] YIN W,OSHER S,GOLDFARB D,et al. Bregman iterative algorithms for l_1-regularization with application to compressed sensing[J]. SIAM J. Imaging Sci. , 2008,1(2):143-168.

[68] CAI J F,CHAN R H,SHEN Z. Convergence of the linearized bregman iterations for l_1-norm minimization[J]. Math. Comp. , 2009, 78(268): 2127-2136.

[69] CAI J F, OSHER S, SHEN S W. Linearized bregman iteration for frame-based image deblurring[J]. SIAM J. Imaging Sci. , 2009,2(1): 226-252.

[70] 石国良. 基于 Split Bregman 算法的图像处理[J]. 中国传媒大学学报(自然科学版),2017,24(2):32-37.

[71] CAI J F, OSHER S, SHEN S W. Split bregman methods and frame based image restoration multiscale model [J]. Siam Journal on Multiscale Modeling & Simulation, 2012, 8(2):337-369.

[72] BRYT O, ELAD M. Compression of facial images using the $k-$SVD algorithm [J]. Journal of Visual Communication and Image Representation, 2008, 19(4):270-282.

[73] 周亚同,王丽莉,蒲青山. 压缩感知框架下基于 $k-$奇异值分解字典学习的地震数据重建[J]. 石油地球物理勘探,2014,49(4):652-660.

[74] 侯思安. 基于机器学习的多分量地震数据重建算法研究[D]. 北京:中国石油大学,2018.

[75] DONOHO D, TSAIG Y. Extensions of compressed sensing[J]. Signal

Processing，2006，86(3)：533-548.

[76] CANDES E，TAO T. Decoding by linear programming[J]. IEEE Transaction on Information Theory，2005,51(12):4203-4215.

[77] DEVORE R. Deterministic constructions of compressed sensing matrices[J]. Journal of Complexity，2007,23(4):918-925.

[78] 李小波. 基于压缩感知的观测矩阵研究[D]. 北京：北京交通大学,2010.

[79] APPLEBAUMA L，HOWARD S D，SEARLE S，et al. Chirp sensing codes：deterministic compressed sensing measurements for fast recovery[J]. Applied & Computational Harmonic Analysis，2009，26 (2)：283-290.

[80] 陈景良，陈向晖. 特殊矩阵[M]. 北京：清华大学出版社，2001.

[81] RAUHUT H. Circulant and Toeplitz matrices in compressed sensing [J]. Mathematics，2009,3(1):356-375.

[82] HENNENFENT G，HEMANN F J. Seismic denoising with nonuniformly sampled curvelets[J]. Computing in Science & Engineering，2006,8(3)：16-25.

[83] NALES C A，LUIS L. Random noise reduction[J]. SEG Technical Program Expanded Abstracts，1984,3(1):329.

[84] NEELAMANI R，BAUMSTEIN A I，GILLARD D G，et al. Coherent and random noise attenuation using the curvelet transform [J]. Geophysical Research Letters，2004,31(2):614-632.

[85] 张军华. 地震资料去噪方法：原理、算法、编程及应用[M]. 北京：中国石油大学出版社,2011.

[86] SHAPIRO N M，CAMPILLO M. Emergence of broadband Rayleigh waves from correlations of the ambient seismic noise[J]. Geophysical Research Letters，2004,31(2):L07614.

[87] 王志明. 无参考图像质量评价综述[J]. 自动化学报，2015,41(6)：1062-1079.

[88] 佟雨兵，张其善，祁云平. 基于 PSNR 与 SSIM 联合的图像质量评价模型[J]. 中国图像图形学报，2006,12(1):1758-1763.

[89] 王玉英. 地震勘探信号降噪处理技术研究[D]. 大庆：大庆石油学院,2006.

[90] 王斌，曹刚. 小波变换在提高地震资料分辨率中的应用综述[J]. 内蒙古

石油化工,2008,4(1):20-22.

[91] 张银雪.基于时空域数字信号处理的地震资料降噪方法研究[D].北京:中国石油大学,2013.

[92] CAO F L,GUO W H. Deep hybrid dilated residual networks for hyperspectral image classification[J]. Neurocomputing,2020,384(1):170-181.

[93] 汪志群.多格式地震数据存取与转换技术研究[D].大庆:东北石油大学,2016.

[94] WANG Z, LI Y, ZHAO J. Analytical method and conversion method for SEG Y data[J]. Equipment for Geophysical Prospecting,2012,22(3):177-182.

[95] 乐毅.深度学习:Caffe 之经典模型详解与实战[M].北京:电子工业出版社,2016.

[96] 郑泽宇,顾思宇. TensorFlow:实战 Google 深度学习框架[M]. 北京:电子工业出版社,2017.

[97] CAI L Z, CHEN J, KE Y. A new data normalization method for unsupervised anomaly intrusion detection[J]. Frontiers of Information Technology & Electronic Engineering,2010,11(10):778-784.

[98] SHIBATA N, TANITO M, MITSUHASHI K, et al. Development of a deep residual learning algorithm to screen for glaucoma from fundus photography[J]. Entific Reports,2018,8(1):212-238.

[99] NGO V A, ENDERLEIN J, GRYCZYNSKI Z K, et al. Accurate single-molecule localization of super-resolution microscopy images using multiscale products[J]. Proceedings of SPIE—The International Society for Optical Engineering,2012,8228:23-35.

[100] 郭跃东,宋旭东.梯度下降法的分析和改进[J].科技展望,2016,26(15):115-117.

[101] KINGMA D P, BA J. Adam:a method for stochastic optimization[C]. San Diego:IEEE,2015.

[102] COGSWELL M, AHMED F, GIRSHICK R, et al. Reducing overfitting in deep networks by decorrelating representations[J]. Computer Science,2015(7):448-456.

[103] YU F, KOLTUN V. Multi-scale context aggregation by dilated convolutions[J]. IEEE Access,2016(1):128-135.

［104］GUYEN H N，LA H M，DEANS M. Deep learning with experience ranking convolutional neural network for robot manipulator［J］. IEEE Access，2018(1)：3401-3412.

［105］孙俊，何小飞. 空洞卷积结合全局池化的卷积神经网络识别作物幼苗与杂草［J］.农业工程学报，2018,34(11)：159-164.

［106］张利刚. 基于全空洞卷积神经网络的图像语义分割［D］. 长春：东北师范大学,2018.

名 词 索 引

B

Bregman 迭代 5.2
贝叶斯 3.5
变换域去噪 7.2
伯努利随机矩阵 2.2
部分哈达玛矩阵 2.2
部分正交观测矩阵 6.2

C

Curvelet 变换 4.1
采样矩阵 1.2
残差学习 8.1
尺度不变性 9.1
次生噪声 7.1

D

地震道 1.1
地震信号 1.1
多分辨率分析 3.1
多项式观测矩阵 6.2

E

二维傅里叶逆变换 4.2

F

分裂 Bregman 迭代 5.2
峰值信噪比 7.2

G

高斯随机采样 4.5
高斯随机矩阵 2.2
广义轮换观测矩阵 6.3

H

8－curve 准则 5.4
Hilbert 变换对 3.2
哈达玛观测矩阵 6.3
环境噪声 7.1

I

IST 算法 3.4

J

机器学习 1.5
卷积神经网络 1.5
卷绕算法 1.3

K

K－L 变换 1.4
11－SVD 字典训练算法 5.5
空洞卷积 9.1
快速傅里叶变换 1.3

L

离散余弦变换 1.2

M

Mallat 算法 3.1

Matlab 7.4

面波频散曲线 1.5

N

Nyquist 频率 4.5

奈奎斯特采样 1.1

O

OC－seislet 稀疏变换 1.2

OMP 算法 2.3

P

帕塞瓦尔定理 4.1

批标准化 8.1

匹配追踪算法 1.2

Q

前馈深层网络 1.5

巧普利兹循环传感矩阵 2.2

曲波变换 8.4

全变分 ROF 5.1

全卷积去噪网络 8.1

确定性观测矩阵 6.2

R

Ridgelet 变换 1.3

ROF 模型 5.1

S

SEG 地震数据 8.4

Shot 地震数据 8.4

施密特正交化 1.2

收缩阈值迭代算法 2.3

双树复小波变换 1.4

双阈值软迭代算法 3.5

随机贝努利观测矩阵 6.2

随机观测矩阵 6.2

随机梯度下降法 8.1

T

梯度弥散 1.5

梯度投影 3.4

图像空间域 5.4

图像去噪 1.5

U

USFFT 算法 4.2

V

VGGNet 网络 8.4

W

Wavelet 变换 4.7

Wrap 算法 4.2

X

稀疏变换 1.2

稀疏基 1.2

系数假设模型 1.4

线性 Bregman 迭代 5.4

小波变换 1.2

信号重建 2.3

Y

压缩采样 1.2

压缩感知 1.2

硬阈值 5.4

约束等距限制 2.2

Z

正交匹配追踪 2.3

自适应矩估计 8.1

最大后验概率估计 3.5